Description De Valence Ou Tableau De Cette Province, De Ses Productions, De Ses Habitants, De Leurs Moeurs, De Leurs Usages ...
by Christian August Fischer

DESCRIPTION

DE

VALENCE.

DESCRIPTION

DE

VALENCE,

OU

TABLEAU de cette Province, de ses productions, de ses habitans, de leurs mœurs, de leurs usages, etc.

PAR

CHRÉTIEN-AUGUSTE FISCHER,

Pour faire suite au Voyage en Espagne, du même Auteur.

Traducteur, CH. FR. CRAMER.

A PARIS,

CHEZ { HENRICHS, Libraire, rue de la Loi, N°. 1231.
CH. FR. CRAMER, Imprimeur-Libraire, rue des Bons-Enfans, N°. 12.

Et à LEIPZIC,

Chez RECLAM, Libraire.

AN XII. — 1804.

AU LECTEUR.

En publiant ce Tableau de Valence, l'auteur est bien éloigné de vouloir affaiblir le mérite du célèbre Cavanilles, et de nier tout ce qu'il doit à son ouvrage (1). Cependant la

---

(1) *Observaciones sobre la historia natural, geografia, agricultura, poblacion y fructos del regno di Valencia, par Don Antonio-Josef Cavanilles, de Orden Superior. En Madrid, en la Imprenta real.* 1795, 1797, 11 vol. in-fol. avec figures.

justice le force à faire ici une décla-
ration qu'aucun lecteur de bonne foi
ne prendra en mauvaise part.

On ne peut refuser à Cavanilles
d'avoir donné beaucoup d'observations neuves sur la botanique, la to-
pographie et la physique de ce pays;
mais aussi il n'a presque rien dit sur
l'aspect, non moins intéressant, de
la nature animée et intellectuelle ;
par-tout il montre une foule de connaissances, mais elles sont dispersées
çà et là, et presque sans ordre; il
décrit tout avec la plus grande exactitude : mais il semble qu'on puisse
l'accuser, en général, de donner un
peu trop ou dans la sécheresse ou
dans l'enflure.

Si l'amour - propre n'en impose

point à l'auteur de ce tableau, on devine aisément qu'il n'a point trouvé dans Cavanilles tous les secours qu'il attendait. Il a été obligé d'ajouter, de son propre fonds, tous les détails relatifs aux hommes et aux mœurs, et d'employer beaucoup de tems pour recueillir, disposer *et* fondre les excellentes choses disséminées dans l'ouvrage qu'il vient de citer. Enfin il a fallu qu'il en soignît le stile et les formes, trop négligées par l'écrivain espagnol, et absolument essentielles pour répondre à l'accueil flatteur avec lequel l'Allemagne a reçu ses essais précédens. Il ignore s'il a rempli l'attente du public ; il s'en rapporte à ceux qui sont capables d'en juger, et qui distingueront

en même tems ce qui lui appartient
dans cet ouvrage, de ce qui appartient à l'auteur espagnol.

———

TABLEAU
DE
VALENCE.

La carte du pays.

L A province, ou, comme on l'appelle, le
royaume de *Valence*, est situé entre le degré
37, 50 minutes de latitude boréale, et de 40
degrés 51 minutes, et borné à l'Est, par la
Méditerranée; au Nord - Est, par la Catalogne; à l'Ouest, par la Nouvelle-Castille;
au Nord-Ouest, par l'Arragon; au Sud-Ouest,
par la Murcie. Il embrasse un espace de huit
cent trente - huit lieues (1) (*leguas*) carrées et une population de neuf cent trente-
deux mille cent cinquante âmes, qui augmente tous les jours.

Cette province est, en grande partie,
montueuse, au point qu'on ne peut guère

_____

(1) En comptant vingt lieues par degré.

A 4

compter de plaine que la valeur de deux
cent quarante lieues. Le climat, le terrein,
la fertilité du sol etc. varient selon la position des vallées. La partie la plus peuplée
et la plus fertile de la province est cette
portion de la côte qui peut avoir à-peu-près
trente lieues de long sur une et demie de
large.

La description que je vais donner de
Valence ne concerne que cette plaine qui
offre un véritable paradis terrestre, et je ne
peindrai que cette vallée superbe, dans le
tableau que je vais esquisser, d'une nature
toujours florissante et toujours parée d'éclat
et de charmes.

Premier aspect du pays.

Dès que l'on a franchi les dernières hauteurs et les limites de la Castille, la route
prend insensiblement une pente douce et
agréable. L'air devient plus voluptueux, la
contrée plus romantique, et une terre semblable à l'Eden, se déroule aux yeux du

voyageur surpris , qui s'extasie aux rayons d'un soleil pur et enchanteur.

Oh , combien cette vallée sauvage est riante, pompeuse ! Entrecoupée de ruisseaux innombrables , dont le murmure se fait entendre de toute part , elle est parsemée de mille habitations (1) charmantes. Quel luxe de végétation ! quelle variété ! Par-tout les fleurs printanières , réunies aux fruits de l'automne , forment un mélange curieux et bisarre. Toutes les beautés , tous les dons du Midi se trouvent rassemblés sur un seul point. C'est un jardin à perte de vue , dont la fertilité fait la magnificence.

Mais ces champs superbes, ces riches prairies bordées d'orangers, de citronniers et de cédrats , de grenadiers , de figuiers et d'amandiers ; ces rians bocages d'oliviers , de caroubiers (2) et de quelques palmiers, ces coteaux romantiques où gissent çà et là les ruines éparses de l'antique grandeur des Maures , ces mouvemens divers d'industrie et d'activité champêtre, et cette étendue

---

(1) On les nomme *Alborins*.
(2) Ceratonia Siliqua.

mystérieuse de la Méditerranée, dont les flots azurés, couverts de voiles brillantes, couronnent un horison sans bornes : qui, à moins d'avoir le pinceau du Lorrain, serait assez téméraire pour vouloir offrir aux lecteurs ce tableau imposant et majestueux !

Le soir s'avance, et le soleil, tempérant ses feux, descend promptement derrière les montagnes lointaines. Une teinte de rose, magique et incertaine, semble se balancer sur le paysage tranquille ; la mer et les hautes montagnes brillent d'or et de pourpre ; l'air plus élastique renvoie les douces émanations des orangers ; le rossignol fait retentir les bocages d'acacia, et toute espèce de sentiment se fond dans je ne sais quelle impression mêlée de calme, d'amour et de contentement paisible !

Le climat.

Un regard sur la carte, et l'on devinera bientôt le climat de cette charmante vallée. Environnée de montagnes de trois côtés, elle n'est ouverte qu'au Sud-Est, du côté de la mer, et par conséquent à l'abri de tous les vents. Avec tous ces avantages, cette belle chaîne de côtes devait nécessairement offrir un printems continuel.

En effet, cette succession désagréable de saisons et ce contraste continuel des élé-mens sont ici parfaitement inconnus; le ciel y offre une *sérénité* constante, et l'air une douceur *inaltérable*.

Pour entrer dans le détail, nous dirons que la hauteur moyenne du baromètre *est* de 26 pouces, sa plus grande variation de 13 $\frac{1}{2}$ L., de manière qu'en quarante-huit heures elle va à peine à 1 $\frac{1}{2}$ L.

Le thermomètre, en été, se soutient entre 17-20 et en hiver entre 7-13 degrés. La cha-leur est habituellement tempérée par les vents de mer, et il est bien rare que le froid aille au delà de 3 degrés au dessus de 0.

Il est vrai qu'en été les orages sont très-fréquens, mais on en est quitte ordinaire-ment pour quelques éclats. En hiver, on n'a vu que *deux fois* en cinq siècles de la gelée blanche et des brouillards. Les vents qui dominent sont les vents de Sud-Est; ils laissent toujours le ciel clair et serein. Seu-

lement vers le tems des équinoxes le vent
d'Ouest apporte quelques ondées ; mais, le
reste de l'année, on compte à peine dix-huit
à vingt jours de pluie. En général, l'air est
si pur et si sec, que le sel et le sucre restent pendant des mois entiers à l'air sans
contracter la moindre humidité.

Voilà le climat de Valence ; là tous les
phénomènes de la nature offrent plus de
beauté et de douceur, tous les organes de
la vie y ont plus d'énergie et de fraîcheur.
Cette éternelle incertitude entre la santé et
la maladie, toute cette cohorte de maladies
chroniques qui nous obsèdent dans le Nord,
sont ici des choses absolument ignorées ; et,
dans cet heureux climat, l'homme double
ses forces au physique comme au moral.

Dès-lors il n'éprouve jamais cette paresse,
cette mélancolie et cette triste apathie que
dans le Nord nous secouons à peine pendant les plus beaux momens de l'été. Ici
tout ressent la vivacité du soleil méridional,
tout y respire la joie et l'alégresse ; tous les
jours y sont entièrement consacrés à la plénitude d'une existence active et diversifiée
par les jouissances.

Heureuse Valence ! doux climat où toutes les idées sont poétiques, les plaisirs plus vifs, les formes de la vie plus belles ! où les années de la vieillesse sont plus douces, les souffrances plus supportables, et où l'approche de la mort et de l'anéantissement perd presque son amertume et son horreur !

Heureux le malade à qui le sort a permis de mettre le pied dans cet asîle ! Lorsqu'il verra s'avancer les derniers instans de sa vie, dans ces lieux la fin de sa carrière y sera moins pénible et moins douloureuse. Sevré des vains desirs et des agitations de la scène bruyante, avec une résignation paisible, il arrètera ses regards sur la mort comme sur un ami fidelle, et il s'endormira au milieu des fleurs, plein de l'espérance de se retrouver, au réveil, dans cette terre inconnue où règne un céleste printems.

Population.

DANS le même espace où l'on trouve à peine vingt personnes dans le Nord, on en compte dix fois autant dans le Midi.

Les sens éveillés, la force vitale plus exaltée, la nourriture plus succulente, et cependant plus légère ; tout, dans ces heureuses contrées, contribue à la propagation du genre humain.

– Il suffit de connaître le climat de Valence pour juger qu'il est favorable à sa population ; ainsi, il n'y a rien d'étonnant si le nombre des habitans y va toujours en augmentant. Il est vrai qu'en 1718, des guerres, des proscriptions et des bannissemens politiques, etc., l'avaient réduite (1) à 25,580 âmes ; mais, dès l'an 1761, on y en comptait déja de nouveau 604,612.

Sept ans après (en 1768) la population montait à 716,886 ; dix-neuf ans après (1787) à 783,084, et tout récemment (1795) on a

_____

(1) Lors de l'expulsion des *Moriscos*, c'est-à-dire, des anciens Maures convertis au Christianisme, la province perdit près de 200,000 de ses habitans les plus industrieux.

enregistré 932,150 âmes. Au reste, on porte le nombre des villes, bourgs et villages, d'après un calcul très-exact, à 628.

Il a été question de la possibilité d'une trop grande population ; mais jusqu'à présent ces craintes semblent très-peu fondées. Une grande partie du sol de ces contrées montagneuses est entièrement perdue en jachères ; l'agriculture est encore susceptible de perfectionnement ; d'ailleurs, le sol peut recevoir beaucoup d'améliorations; enfin, la pêche, la marine, les manufactures et le commerce offrent mille ressources et mille moyens d'industrie.

Habitans.

Certain philosophe disait souvent : « donnez-moi la latitude d'un pays et je vous donnerai le caractère de ses habitans. » Il y a bien des cas où cette assertion paraîtra extravagante ; mais quant aux Valenciens, elle est de toute vérité. Au physique comme au moral, sous quelque rapport qu'on veuille les considérer, l'influence de leur climat est incontestable.

Le Valencien semble réunir tous les avantages des habitans du Nord à ceux des habitans du Midi. Il a la force des uns, la sensibilité et l'irritabilité des autres. Il est dur comme un Norvégien, ardent, fougueux comme un Provençal.

Il en est de même des femmes. A la beauté de leur teint, à la couleur de leurs cheveux, à leur embonpoint charmant, on les prendrait pour des femmes du Nord ; mais leurs grâces, leur sensibilité, leur éclat, tout leur ensemble nous ramène dans le Midi.

Si nous parlons à présent des formes morales, nous verrons pareillement sur elles l'influence de ce climat fortuné. Les hommes ont une gaîté franche, cette vigueur de santé et cette surabondance de vie qui distingue les pays méridionaux ; les femmes, cette aménité enchanteresse, ce tempérament ardent, impétueux, ce caractère enjoué qui forme le lien le plus doux de la société. Vous n'avez en cette contrée ni le phlegme du Castillan taciturne, ni la fausseté de l'Andalousien curieux et indiscret, ni l'astuce du Biscayen,

ni

ni la grossièreté du Gallicien, ni la roideur du Catalan. En un mot, si vous voulez connaître les peuples les plus aimables, les plus aimans et les plus gais de toute l'Espagne, allez à Valence !

~~~~~~~~~~~~~~~~~

La ville de Valence.

La ville de Valence, située au 17e. degré, 21'. 15''. de longitude, et au 30e. degré, 28', et 40''. de latitude, est située au milieu d'une plaine fertile du Quadalaviar; elle a une forme presque circulaire. Elle est, selon l'ancienne manière, environnée de murailles et de tours; cinq sont des portes (1); elle est partagée en quatre quartiers généraux (2), et peut, en exceptant les faubourgs qui sont considérables, avoir à-peu-près une demi-lieue de tour.

---

(1) La Puerta del Mar. — De S. Vincente. — De Quarte. — De Serranos.

(2) El Quartel Campomanes. — Patraix. — Rusafa; — Benimaclet.

B

On fait monter la population de Valence
environ à 105,000 et 106,000 âmes; on
compte 5890 maisons, 59 églises, (parmi
lesquelles 14 paroissiales) 14 couvens,
10 hôpitaux, etc.

L'intérieur de Valence offre encore tout
l'aspect d'une ancienne ville des *Maures*.
Des rues étroites, irrégulières, non pavées, des maisons basses et petites, mais
très-profondes, avec de grandes cours et
de belles terrasses; en un mot, au premier coup-d'œil cet ensemble confus retrace
les anciens dominateurs de Valence.

Au reste, les rues qui, depuis trente ans,
sont garnies de lanternes, sont tenues avec
assez de propreté (1), et les maisons se
distinguent au dehors par l'élégance, et
au dedans par la commodité.

---

(1) Les immondices qui ne peuvent s'écouler par les
égoûts, sont chaque jour enlevées par les habitans de
la campagne, pour les engrais. C'est une des raisons
pour lesquelles on ne veut pas faire paver les rues
de Valence. Mais afin que le terrein soit toujours
solide et commode, chaque paysan est obligé, en
enlevant le fumier, d'y substituer une charge de
gravier.

Ceci a lieu surtout pour les quartiers nouveaux qui ont été construits depuis trente à quarante ans, dans les différentes parties de la ville. On y trouve plusieurs rues assez larges, avec des édifices passables. Il y en a même de magnifiques, où l'on a prodigué le beau marbre de Callosa, Naquera, Buixcarro, etc. ; j'en excepte pourtant les rues San-Vicente, de los Caballeros, etc., ainsi que les places de San-Domingo del Carmen, de las Barcas, etc., dont il est difficile de faire l'éloge.

Pour ce qui concerne les édifices publics, j'ose dire que le Colegio del Patriarcha, l'église de l'Orden militar de Temple, l'Aduana, la maison du Consulat, l'académie de San-Carlo et l'Hôpital-général, méritent l'attention de l'étranger.

Mais ce qui donne à Valence un charme tout particulier et indéfinissable pour l'observateur, c'est la vivacité, le bien-être et la gaîté qu'on remarque dans tous les habitans et dans toutes les parties de la ville. On n'y trouve ni mendians, ni fainéans, ni artisans qui manquent de travail. Par-tout où l'on jette ses regards, on ne rencontre que des êtres satisfaits, des visages rians et sereins; enfin, des hommes actifs et heureux par leur industrie.

Ce mouvement de mille et mille bras qui tous travaillent en plein air; le bourdonnement des métiers des fabricans de soie, uni au chants des ouvriers; les voix des marchandes d'orgeat, d'eau, de fruits, qui se mêlent aux modulations des orgues portatives, des tambourins et des triangles d'une foule de musiciens ambulans : partout, sous mille formes, au moyen de mille sons divers, vous ne voyez et n'entendez que l'expression de la joie, de l'existence et de la félicité. La pompe et la décoration du local donnent une parfaite harmonie à ces scènes intéressantes. Sur les toîts des maisons voltigent, comme des flammes nuancées de mille couleurs, des bandes de soie flottantes ; chaque boutique est parée et remplie des étoffes les plus riches et les plus brillantes.

Sur les hautes terrasses, les orangers, les citroniers et les lauriers étalent la pompe de leur feuillage immobile. Les plus belles fleurs marient leurs riantes couleurs. Là, toutes sortes de fruits du Midi, en pyramides, vous offrent leurs parfums exquis; plus loin, à la porte des Bottelleria's ornées, des couronnes de palmiers et de lierre invitent le passant altéré.

Autour de vous se presse une foule bigarrée d'hommes et de femmes, qui se glissent à vos côtés d'un pas rapide et léger; c'est là que plus d'un regard signifiant, plus d'un serrement de mains, mille jeux folâtres, vous annoncent et vous peignent l'excellent peuple de Valence.

L'Université (1).

Elle fut instituée l'an 1411. Depuis sa réforme totale en 1787, elle peut se dire la première de toutes celles d'Espagne, principalement pour ce qui concerne l'étude en médecine.

On y compte soixante-dix-huit profes-

---

(1) Il ne faut pas confondre cette institution avec l'*Académie de San-Carlos*, fondée en 1773, pour la peinture, l'architecture et la sculpture; ni avec le *Seminario de Nobles*, établi en 1789.

B 5

seurs. Il y en a onze pour la théologie, douze pour la jurisprudence, dix-huit pour la médecine, neuf pour la philosophie, six pour les langues, etc.

On y donne des leçons depuis le 11 octobre jusqu'au 31 mai ; les autres mois de l'été sont destinés aux solemnités et aux vacances. Les étudians sont divisés en différentes classes, et montent annuellement à proportion de leurs connaissances et de leurs progrès. Les revenus de l'université semblent être assez considérables pour Valence : le salaire des professeurs est fixé depuis environ trois cents jusqu'à huit cents écus de monnaie de Saxe. La bibliothèque ne va guère au delà de quinze mille volumes, mais elle offre les collections précieuses de Franc-Perez-Bayer, et ce qu'il y a de mieux écrit dans ces derniers tems, surtout en fait de médecine (1).

_____

(1) La modicité de cette bibliothèque est compensée, en quelque sorte, par celle du palais archiépiscopal, qui monte à cinquante mille volumes, où l'on trouve à présent tous les ouvrages espagnols qui ont paru depuis 1763 ; et dans ce qui concerne la géographie et même l'histoire, plusieurs excellens

Elle est ouverte tous les jours pendant quatre heures, et très – fréquentée par les étudians.

L'université de Valence s'est distinguée de tout tems par une foule de personnages célèbres. Sans parler de ceux d'un âge reculé, comme de *Stooni*, *Vives*, *Gelida*, *Nunnez*, *Perez*, *Perpinnan*, *Perera*, *Trilles*, *Mariner* et autres, nous ne citerons parmi les savans plus modernes, que *Jorge Juan*, *Gregorio Mayans*, et *Juan-Battista Nunnoz*, dont les noms sont connus et révérés par tous ceux qui aiment les lettres.

~~~~~~~~~~~~~~~~~~

Maisons.

L'habitant du Midi, qui peut jouir, des années entières, d'un ciel serein et inva-

_____

livres étrangers. Le cabinet des monnaies qui en dépend, ne semble pas être très-considérable. Cette bibliothèque est ouverte tous les jours pendant six heures, et l'emporte, par la beauté du local, même sur la bibliothèque royale de Madrid.

B 4

riable, se met très-peu en frais pour son habitation; mais les Valenciens l'emportent à cet égard sur tous leurs voisins, par leur esprit d'ordre et de propreté.

Dans l'intérieur, l'arrangement des maisons est très-bien entendu et très-commode. Les appartemens sont bien distribués, et ordinairement réunis ensemble par une galerie. Chaque maison a sa fontaine, située, pour l'ordinaire, dans la cuisine : dans toutes les maisons les immondices s'écoulent par des tuyaux souterreins qui vont se rendre dans les égoûts des rues. Les murs et les parquets sont presque par-tout revêtus de carreaux de faïence ou de briques polies; ce qui, pour peu qu'on y mette du soin, facilite beaucoup le moyen de se débarrasser des insectes. Les toits sont plats, et souvent garnis de petites tourelles dont on se sert pour colombiers; sur un assez grand nombre de terrasses, on a pratiqué de jolis jardins où l'on peut sans crainte, pendant neuf mois de l'année, se livrer au sommeil. Il en est de même des balcons qui ne sont, pour ainsi dire, que des parterres de fleurs.

Quant aux meubles, ils sont remarquables par leurs belles formes et leur légèreté. Ils sont presque tous de bois de palmier, d'aloès, d'oléandre, de mûrier, de liége et d'esparto. Les tables, les chaises, les lits, les armoires, etc. et tous les autres ustensiles domestiques ont pour les étrangers des formes qui leur présentent l'intérêt de la nouveauté.

Rien cependant ne flatte davantage que les charmans lits de sangle, faits de fils d'esparto et d'aloès, dont la molle élasticité vous fait jouir d'un repos délicieux.

~~~~~~~~~~~~~~~~~~~~~~~~~~~~

Le Micalet.

C'est ainsi qu'on appelle le dôme octogone de l'église cathédrale, qui a cent cinquante pieds de hauteur. Il tire son nom de celui de St. Michael. Située en quelque sorte au centre de toute la *Huerta* de Valence, on jouit de là d'un coup-d'œil unique et enchanteur. De cette élévation on embrasse cette ville populeuse, toute la superbe contrée, la brillante Abufera, les montagnes altières et verdoyantes, et la vaste étendue de l'Océan azuré ; ce qui forme un ensemble admirable de fraicheur, de magnificence et d'activité.

Mais on peut jouir d'une vue plus belle encore à une lieue et demie de la ville, sur les hauteurs de *Torrent*. C'est là que le peintre de paysages devrait saisir ses pinceaux pour rendre, au soleil couchant, cette vallée ravissante, avec toutes ses nuances et ses points de vue enchanteurs. Quelle chaleur ! quel ciel ! quel feuillage ! Quel sera le Claude Lorrain qui nous offrira un jour ce spectacle incomparable !

Vivres. — Leur prix.

Leur abondance est telle qu'on peut l'attendre de ce climat et de l'état de l'agriculture en ce pays. Je doute même qu'en aucune contrée du monde on puisse vivre à si bon marché.

A commencer par la première denrée,

on vend ici la livre d'excellent pain de froment à raison de trois et demi Quartos (1).
Si la province de Valence, qui ne fournit que peu de froment n'était pas obligée de tirer annuellement beaucoup de bled de la Manche et du Levant, le prix du pain y serait certainement un tiers meilleur marché encore.

On vend le meilleur bœuf sept Quartos la livre et le reste en proportion. Un poulet vaut seize Quartos (à-peu-près douze sols), une paire de pigeons trois à quatre Quartos; un plat de poisson, suffisant pour deux à trois personnes, revient tout au plus à douze sols, etc.

Les légumes et les fruits y sont aussi à très-bon marché. Pour quatre sols on a des légumes plus qu'il n'en faut pour quatre personnes. Le plus beau melon d'eau coûte huit sols; deux grenades, deux sols; et deux énormes grapes de raisin, un sol. On a pour deux liards un plein chapeau de figues. On trouve de même à très-bas prix les oranges, les amandes, les fraises, etc.

---

(1) A-peu-près 1 sol 2 deniers. (Monnaie de Saxe.)

Les alimens sont extrêmement faciles à digérer, surtout les légumes, qui n'ont rien des inconvéniens qu'ils ont ailleurs. On peut ici manger selon son appétit, sans appréhender la moindre incommodité. Sans doute l'air pur et élastique du pays, et le vin excellent et stomachique d'Alicante y contribuent beaucoup. Le prix des autres denrées est dans la même proportion. Pour trois ou quatre réaux par jour on peut avoir une pièce très-élégamment meublée, avec un alcove. On a un manteau de soie tel qu'on a coutume de les porter ici, pour huit à neuf écus monnaie de Saxe ; et un gillet fin de toile peinte, avec une écharpe de soie, pour quatre à cinq écus. Une paire de bas de soie coûte à-peu-près un écu seize gros, et il n'y a que la toile fine qui ne soit pas à bon compte.

Quant à tous les autres articles qui entrent dans le ménage, tels que l'huile, le vin, le café, tout est en général à très-bas prix. Pour un gros d'huile, on a tout ce qui est nécessaire pour un repas, et une bouteille d'excellent vin ne coûte que deux gros et demi. On peut avoir, en tems de

paix, la livre de café pour cinq gros, et la
livre de sucre, pour six à sept ; une de cho-
colat caraque, pour dix à douze gros. Les
seuls objets comparativement les plus chers
sont le bois et le charbon ; et malgré cela,
un petit ménage en est quitte à cet égard
pour dix à douze écus par an.

On voit combien il en coûte peu pour
vivre à Valence ; trois cents écus de Saxe
formeraient un revenu assez honnête pour
un seul individu. Si l'on compare à cela ce
qu'il en coûte à Hières, à Nice, à Montpellier, etc., on voit que Valence est infiniment préférable à cet égard.

Mais l'éloignement ? Il n'est pas si grand
qu'il paraît au premier abord. Si, sans aucun fondement, on craignait de faire ce
voyage par mer, toute avantageuse qu'elle
soit pour la santé, on pourrait aller de Hambourg par Bilbao ou Saragosse ; mais si l'on
ne voulait faire qu'un petit trajet de mer,
il faudrait s'embarquer à Marseille pour Barcelonne ; et voulant y aller par terre, on
prendrait par Perpignan. Quant aux lettres - de - change et de recommandation,
un homme comme il faut trouvera toutes

Facilités à Hambourg, Marseille, etc., et ne fût-ce qu'indirectement, par Alicante ou Barcelonne.

~~~~~~~~~~~~~~~~

Tableaux.

Valence, comme l'on sait, a produit une foule d'excellens peintres, dont la capitale a plusieurs tableaux superbes, indépendemment de quantité d'autres productions d'artistes espagnols.

On trouve, par exemple, dans l'église du *Collegio del Patriarcha*, une sainte Cène et l'Ordination de St. Vincent-Ferrer de *Ribalta*, une autre Cène et une Nativité de Jésus-Christ, de *Martin de Vos*.

Dans l'église cathédrale on voit le Baptême de Jésus-Christ et le Sauveur tenant l'hostie, de *Juan de Joannes*; le martyre de St. Sébastien, par *Pedro Orenti*; Jésus-Christ donnant les clefs à St. Pierre, et une Concèption, d'*Antoine Palomino*; une foule d'autres sujets tirés de la vie de Notre-Seigneur et de la Sainte-Vierge sur le maître-autel, de *Pablo de Aregio et Francisco Neapoli*, élèves de *Léonard da Vinci*, et autres (1).

Dans l'église de *Nuestra Sennora de los Desamparados* il faut remarquer la Ste. Trinité, plafond d'*Antoine Palomino*. Dans l'église *San Juan del Mercado*, des sujets tirés de la vie de St. Jean, du même artiste, et une Ste. Cène, de *Esteban Marc*.

Dans l'église *San Nicolas* on trouve : une Cène, de *Joannes*; plusieurs sujets tirés de l'histoire sainte, vraisemblablement du même artiste.

Dans l'église de *las Carmelitas Calzados*, huit sujets tirés de la vie de plusieurs saints de cet ordre, par *Gironimo Espinosa*. — le Sauveur, par *Joannes*. — San Rogue, par *Pedro Orenti*. — Plusieurs tableaux d'autels, de *Ribalta* et *Esteban Marc*.

Dans l'église *de la Orden militar* del

---

(1) On trouve dans les anciennes archives, que les derniers de ces tableaux ont été achetés, en 1506, au prix de trois mille ducats.

Temple : une Cène, et Jésus avec la croix, de *Joannes*.

Dans le collège de *San Thomas de Villa-Nueva* : le Saint Thomas, par *Ribalta*.

Dans l'église des *Minimes*, ou à *San Sebastian* : Saint Sébastien et deux sujets tirés de sa vie, par *Joannes*.

Au couvent des *Capucins*, au bout de la Calle Alberaya : San Francisco, couché sur son lit, par *Ribalta*.

Dans le cloître des *Religiosos Descalzas de S. Francisco*, hors de la ville : le Baptême de Notre - Seigneur, par *Alonzo Cano*, etc., etc.

Valence semble avoir été destinée par la nature à être la patrie du génie. Ici, on a lieu de l'espérer, il s'élèvera sans doute un jour une école espagnole qui surpassera peut-être toutes celles qui l'ont précédée. En attendant, il s'est formé ici, il y a trente ans à peu près, une académie pour la peinture et les autres arts du dessin, qui donne les plus belles espérances pour l'avenir (1).

_____

(1) Savoir l'Académie de *San-Carlos* que nous avons citée ci-dessus.

Sérénos.

C'est ainsi qu'on nomme ici le guet de nuit qui en même tems annonce le bon ou le mauvais tems : cette milice tire son nom du mot *sereno* (serein), parce que pendant presque toute l'année, ce cri est à l'ordre du jour dans ce superbe climat. Au reste, ces crieurs composent, comme à Hambourg, un corps militaire particulier, et l'on s'en sert pour plusieurs autres fonctions nocturnes.

On a lieu de s'étonner que, dans une ville comme Valence, il n'y ait pas eu jusqu'en 1777, un seul *sereno.* C'est à D. Joachim Van, connu par ses voyages et ses améliorations dans les fabriques, auquel on doit cet établissement utile. Il l'a fondé lorsqu'il était *Alcade major* de Valence, et il a procuré par-là à une foule d'individus une existence convenable.

~~~~~~~~~~~~~~~~

C

Hôpital-général.

Il est situé hors de la ville, dans un des plus beaux quartiers de Valence. Il est composé de trois grands édifices principaux, et il l'emporte, par son excellente organisation même, sur le grand hospice de Madrid.

Chaque malade a son alcove à part, et chaque maladie sa sale particulière. Un médecin visite les malades au moins trois fois par jour, et l'on accorde les médecines, même les plus dispendieuses, si le besoin l'exige.

D'après une ancienne fondation, l'archevêque fait délivrer journellement une quantité de glace pour rafraîchir la limonade, etc. Cet établissement, dans son ensemble, est un modèle de propreté : avantage qui, dans ce climat, offre peut-être moins de difficultés que par-tout ailleurs.

La *seconde aile* de cet hôpital est consacrée aux enfans trouvés. Sans doute il faut s'en prendre à la nature d'un pareil établissement, si celui-ci est encore susceptible de beaucoup d'améliorations. Cependant on a séparé les enfans déja grands des plus petits, et dans ces derniers, les nourrissons d'avec les enfans de l'âge d'un an, et l'on a fait plusieurs excellentes institutions pour instruire les adolescens.

La *troisième aile* de ce bâtiment immense sert aux gens atteints de folie. Leur régime n'offre rien à desirer ; les malades sont distribués en différentes classes, suivant leurs différens degrés de folie.

Les phrénétiques sont enfermés dans de petites cellules de six pieds de long sur une largeur à-peu-près semblable. Elle est haute de neuf pieds, et tapissée d'épaisses nattes d'esparto ; sur les pavés sont plusieurs grilles pour l'écoulement des ordures.

Au reste on assure que le traitement de ces infortunés est extrèmement doux, ce à quoi on devait d'autant plus s'attendre, que l'hôpital-général est affecté à l'université comme institution clinique (1).

_____

(1) Il ne faut pas confondre cet hôpital avec l'*Hospicio*, maison de force où l'on travaille pareillement pour les manufactures.

L'agriculture en général.

L'agriculture , cette théorie sublime d'une création végétale artificielle , offre en général une foule d'idées poétiques. Mais combien ne seront-elles pas plus propres à favoriser l'inspiration, dans une nature toujours fleurie, et sur un sol toujours actif et toujours abondant! Nous avons parlé du climat et des beautés de Valence ; nous allons nous occuper de son sol et de sa culture.

Quant au sol , on distingue ici la *terre rouge* et la *terre blanche*. Le roxelet, rouge ne se trouve que dans une partie de la province d'Olivo jusqu'à Caffelto de la Plana ; et ensuite au Nord , dans les districts de Montesa : la *terre blanche*, dite *albaris*, se trouve par-tout ailleurs.

La terre rouge est toujours argileuse , mais c'est tantôt la marne et tantôt le sable qui y domine, ce qui rend sa couleur plus ou moins foncée. Dans le voisinage des montagnes, cette terre est toujours plus âpre, plus sèche et plus compacte ; cependant les seps, les caroubiers, et surtout les figuiers, y réussissent parfaitement. Dans les plaines elle est plus molle, et moins mêlée de sable : elle contient plus de parties calcaires, et fermente plus vîte et davantage avec l'acide. Engraissée et arrosée, elle acquiert peu-à-peu plus de noirceur, et offre enfin un excellent terreau.

Pour ce qui concerne la *terre blanche*, elle est presque par-tout mêlée de beaucoup de parties calcaires, très-compacte, à moins qu'elle ne soit souvent arrosée; elle est très-propre à la végétation. Mais quand elle est bien engraissée et arrosée suffisamment, elle forme un terroir excellent, et elle est préférable à la terre rouge (1).

Pour parler de la culture des terres en général, on les divise en terres arrosées

_____

(1) Lorsqu'on laisse un monceau de cette terre blanche à l'air, à-peu-près pendant l'espace d'une année, on peut enfin la réduire entièrement eu poudre, et s'en servir avec avantage pour améliorer les champs de sable.

et non arrosées , en *huertas* et *sécanos.*
Quant aux premières , on a recours aux
arrosemens artificiels ; quant aux autres ,
qui se trouvent à la mi-côte des montagnes , on se borne à la rosée et à la pluie.
La rareté des sources , surtout dans les
montagnes septentrionales , et le travail
coûteux de l'arrosement artificiel , semblent avoir produit la différence qui se
fait sentir au premier coup-d'œil.

Il suffit peut-être de jeter les yeux sur
les *huertas* de *Valence* , *Etche* , *Gandia*, *etc.*, et en général de toute la partie
du Sud-Ouest , le long de la côte , pour
être frappé de l'activité de la richesse ,
au tems de la végétation. Où trouve-t-on
des prairies qu'on fauche comme ici , tous
les huit jours, pendant neuf mois de l'année , où les mûriers se couvrent annuellement , trois à quatre fois , de feuilles
nouvelles ; où le même sol donne successivement et sans cesse du bled , des légumes , des fruits , et paie l'industrie du
cultivateur , par des produits sans cesse
renaissans ?

Mais il faut dire aussi que les travaux

durent ici toute l'année sans aucune interruption. On y voit chaque mois un échange continuel de nouvelles semailles, et de nouvelles moissons ; chaque semaine, et presque chaque jour exige sa peine ; elle est indispensable.

Chaque champ se laboure neuf à dix fois, et chaque saison enrichit le laboureur de quatre à cinq récoltes différentes. On ne trouve jamais les *huertas* sans cultivateurs ; à toute heure du jour , chaque semaine de l'année, on peut voir ici les travaux et les diverses opérations de l'industrie presque réunis l'une à l'autre.

Mais le plus grand soin , le labour le plus difficile consistent à arroser les *huertas* ; il faut pratiquer mille canaux pour y porter l'eau d'une rivière voisine ; on va jusqu'à percer des collines entières pour trouver des sources. Combien de citernes dispendieuses , d'aqueducs , de puisards pour procurer aux *huertas* un arrosement indispensable à leur fécondité ! Ce n'est que par une activité infatigable que le cultivateur réussit à faire d'une bruyère aride un champ fertile , et à changer la contrée la plus sauvage en un paradis terrestre (1).

Et cependant (le croiroit-on!) l'agriculture pourrait encore être ici bien plus florissaute. Plusieurs méthodes meilleures, plusieurs exploitations plus productives sont encore ici tout-à-fait inconnues, les olives peut-être n'atteignent pas toute leur grosseur, uniquement parce qu'on les néglige. Il en est de même des caroubiers, des grenades, dont la culture, dans plusieurs endroits, est encore très-défectueuse.

Mais tous ces inconvéniens disparaîtraient aisément, avec une instruction convenable, si certaines mesures du gouvernement ne venaient pas arrêter les progrès de l'agriculture. De ce nombre est le système oppresseur de plantation

_____

(1) Par exemple, près de *Veranon*, *Benicario*, etc., il n'existait, il y a soixante à soixante-dix ans, qu'un terrein peu fertile et sablonneux. L'excellent climat y contribue beaucoup. Les plus petits rejetons semblent offrir, au bout de cinq années, des tiges de quinze ans, et portent en abondance les plus beaux fruits.

pour les bois de construction, qui est du ressort du tribunal de la marine. Si la surveillance de cette partie était confiée à des hommes doués de connaissances forestières, cet établissement serait bien éloigné d'être aussi nuisible qu'il l'est à présent à l'agriculture. Mais, par l'ignorance de ceux qui en sont chargés, et ce qui est pis encore, par l'injustice manifeste des commis en sous-ordre, une foule d'excellens terreins et de coteaux fertiles sont sacrifiés en pure perte à des plantations de chênes et de pins malingres, et qui dépérissent annuellement par centaines.

On ne saurait disconvenir, car la chose saute aux yeux, que les Espagnols n'en soient encore aux premiers élémens de la science forestière. Ajoutons-y les droits féodaux extrêmement oppressifs, et nous verrons que ce n'est qu'à la faveur du climat et par l'industrie la plus attentive, qu'on parvient ici à se procurer le bien-être.

Cependant on a fait quelque chose en ce genre, qu'il ne faut pas oublier; c'est l'établissement d'un Mont-de-piété, où au besoin l'on peut obtenir, sans payer des intérêts, des avances pour des semences. On doit cet établissement au défunt archevêque, qui, du consentement du roi, y a affecté les *Espolios* et *Vacantes*, c'est-à-dire, les successions des évêques, et les revenus des bénéfices vacans dans toute la province.

~~~~~~~~~~~~~~~~~~

Imprimeries.

Valence a plusieurs imprimeries, parmi lesquelles celles de *Montfort* est connue par ses magnifiques éditions (1). Elle peut rivaliser avec celles d'*Ibarra*, de *Sanchez*, de *Bodoni* et de *Didot*.

On a joint à cette typographie une librairie, où l'on trouve un fonds considérable de livres nouveaux espagnols. En

_____

(1) Par exemple, l'édition magnifique de l'*Historia general de Espana de Marianna, illustrada de tablas cronologicas, notas, y observaciones criticas,* p. D. *Vincente Noguera y Ramon*, 1784, 4 vol. in-4. — *Fr. P. Bayer de Nummis Hebræo - Samaritan*, 1780, pet. in-fol. *et Num. Hebr.-Samaritan. Vindic*, 1791, pet. in-fol. et autres.

outre on imprime chez Montfort une feuille intitulée *les Petites Affiches de Valence*, ainsi que les tableaux des vaisseaux qui entrent ou qui partent, et d'autres notices relatives au commerce.

Quant à l'historique de la typographie de Valence, il paraît que cet art a été connu ici bien antérieurement à Madrid. Le plus ancien ouvrage espagnol, imprimé à Madrid, date de 1499 (1); tandis qu'à Valence on cite un *Salluste* imprimé en 1475, et un vocabulaire latin, sous le titre de *Comprehensorium*, publié la même année que le précédent.

～～～～～～～～～～～

Real Sociedad Economica.

C'est une des nombreuses sociétés patriotiques d'Espagne, dont les avantages sont incontestables. (2) Elle jouit d'un très-

---

(1) Voyez *Panzer Annal. Typogr.* 11 *vol.* p. I. n°. 1. et *Allgem. Litter. Anzeigen*, n°. 139, année de 1801.

(2) On en compte en tout, des provinces de l'Espagne, *soixante-deux.*

gros revenu, et possède, pour ce qui concerne l'économie, une bibliothèque assez considérable et assez bien choisie. Elle distribue annuellement un certain nombre de prix et de récompenses. Cette distribution se fait ordinairement dans une assemblée solemnelle qui a toujours lieu le 9 décembre, jour de la fête de la reine.

Le programme de la société propose cette année les prix suivans :

Quatre cents réaux pour le meilleur traité sur la culture des olives, et sur la meilleure méthode usitée à Aix, pour en extraire l'huile.

Trois cents réaux pour celui qui récoltera la plus grande quantité de pommes de terre ; objet très-important ici, vu l'insuffisance des bleds dans cette province.

Une belle médaille de trois cents réaux pour le meilleur traité sur les mines de charbons de terre, qui se trouvent dans la province, avec des observations sur leur exploitation et leur utilisation.

Une médaille semblable pour une liste historico-critique la plus complète de tous les écrits existans sur le commerce, l'a—

griculture, les fabriques, etc., de Valence.

On voit par ces données, qu'il ne manque pas à Valence de patriotes instruits. Il est à espérer qu'avec tant d'efforts réunis et le zèle des amis de la patrie, il en résultera des effets heureux, malgré tous les obstacles que pourrait apporter le despotisme toujours oppresseur du clergé.

~~~~~~~~~~~~~~~~~~~

Promenades et autres divertissemens.

Quoique toute la contrée de Valence semble n'être qu'un jardin immense et délicieux, il ne faut pas cependant oublier de parler des promenades partielles, de l'*Alameda* au-delà de la rivière, des allées de *Mont Olivete* et de *Brio*, en faveur des voyageurs qui fréquenteront cette province.

Je doute qu'il puisse exister, dans toute l'Europe, une plus belle promenade que cette *Alameda*. Quelles magnifiques allées ! quelle végétation admirable ! quelle fraî-

cheur vivifiante, même dans les plus grandes
chaleurs du mois d'août ! On y voit des
ormes, des cyprès, des platanes, des orangers, des grenadiers, des cinnamomes (1), et
des arbres de mastic (2) dans tout leur luxe
méridional. Parmi ces arbres, vous en dis-
tinguez encore une foule d'autres superbes
de l'Amérique méridionale, tels que le
chirimojo (3), l'aguscete (4), le sassafras (5),
la draconnée (6), etc., qui se développent
dans toute la pompe et toute la beauté de
leur patrie.

Cette magnifique Alameda est presque
toutes les après-midi et les soirées le lieu
de rassemblement du beau monde de Valence. La grande allée principale, qui est
toujours arrosée, est destinée pour les voi-
tures ; les quatre autres, moins larges,
avec les latérales, entrecoupées de canaux

(1) *Laurus Cinnamomum.*
(2) *Schinus molle.* Il croît ici à la hauteur d'un grand
arbre qui offre beaucoup d'ombrage.
(3) *Annona Squiamosa.*
(4) *Laurus Persea.*
(5) *Laurus Sassatros.*
(6) *Jucca Draconis.*

bordés de fleurs , sont réservés pour les
gens de pied. Par-tout on a pratiqué des
bancs de bois et de gazon , des pelouses , etc.
et l'on y a consacré en général tous les
soins qui peuvent contribuer à la commodité et aux plaisirs du public.

La première fois qu'on entre dans cette
Alameda , on se croit tout-à-coup transporté dans les bocages de Paphos. Par-
tout *on est* agréablement frappé des parfums qu'exhalent *les* roses, *les* narcisses,
et les oranges , et mille arbustes odori-
férans. On entend retentir de toute part les
instrumens et les voix dans ces célestes
allées, où tous les sens se taisent et éprouvent un bien-être général ; là, une nature
enchanteresse vous offre une volupté tranquille *et* un avant-goût du séjour des bienheureux.

A partir de l'*Alameda*, une route charmante , bordée de belles maisons de campagne, va aboutir, presque en ligne droite,
jusqu'au bourg-port de *Grao*. Il faut tout
au plus une demi-heure pour y arriver. On
voit une foule de mimoses ; des palmes, des
arbres *pommes de Sodom* fleuris , forment

le plus superbe mélange avec mille autres plantes de toute espèce.

Le *Grao* lui-même mérite d'être vu à cause de la mer et des bains de mer qui s'y trouvent. Souvent on y voit, par centaines, des tartanes et des calesins qui s'y rendent, et plusieurs familles et sociétés réunies y viennent passer des mois entiers dans leurs maisons de campagne.

On y vit à-peu-près comme dans tous les autres bains. Beaucoup de luxe, d'amusemens, et un peu de galanterie; on fait en outre d'agréables parties sur mer, le long de la côte.

Les autres lieux de plaisir qui servent aussi de séjour pendant l'été, sont *Benimamet*, *Bursajot*, etc., où l'on trouve toujours une société excellente ou au moins gaie. En automne on va à *Rusafa*, où l'on concerte des chasses brillantes sur l'eau, sur l'*Abufera* et la *Dehesa*.

En général la vie sociale offre à Valence beaucoup de variété et de divertissemens. Il y a une infinité de fêtes religieuses et politiques, celles de San Juan, San Vincente, San Nicolaus, Maestranza, et autres; une foule

de

de théâtres publics et bourgeois des grands et petits concerts, bals, rifrescos, et tertuglias, autant que le voyageur le plus avide en peut desirer.

Outre cela, les *fondas* et les *neverias*, les *bottellerias* et les cafés, ne sont en aucune ville d'Espagne si propres, si élégans et si rians qu'à *Valence;* en un mot, les jouissances *les plus délicates* et *les plus libres* trouvent, dans cette *contrée charmante* et chez ce peuple joyeux, toutes *les facilités* imaginables.

~~~~~~~~~~~~~~~~~~~~~~~~~

Albufera.

L'*Albufera* (1) est une espèce de golfe séparé de la mer par une petite langue de terre, mais qui y est uni par un petit canal. Il s'étend du Nord au Midi, un peu

---

(1) Quoique ce mot, d'origine arabe, s'emploie de toutes les eaux intérieures, par exemple, de l'Abufera d'Oropesa, d'Alicante, etc., il paraît cependant désigner de préférence, et le plus souvent exclusivement, l'Abufera de Valence.

D

au dessous de la ville , jusqu'à Cullera , à-peu-près de trois leguas de long sur une de large.

Eu égard à sa situation qui se trouve au dessous du niveau de la mer, une foule de canaux et de petites rivières s'y rendent , et les terres, pendant l'hiver, en sont inondées dans l'espace de plusieurs leguas. Cependant l'Albufera n'a pas d'autre mouvement que celui que lui imprime l'introduction ou l'écoulement des eaux , au moyen d'une écluse pratiquée dans le canal.

Au dessus de l'Albufera s'étend, en forme demi-circulaire, la *Ribera* , toute couverte de champs de riz ; au dessous et le long de la mer est une petite levée de sable, nommée *Dehesa*, garnie de pins, de saules, d'arbres de mastic et de térébinthes, qu'auprès de la ville , surtout près de Rahasa , on a convertie en excellens potagers.

On parlait, il y a environ trente ans, de rendre l'Abufera propre à la navigation. Dans ce dessein on voulait conduire un canal jusques dans le centre du pays, et en même tems élargir le port de Cullera (1); mais, soit à cause de la dépense, soit par crainte que l'exécution n'entrainât la décadence de la capitale de la province, on l'abandonna, et on s'est cccupé plutôt à améliorer le port de Valence.

Mais si l'Albufera ne peut servir à la navigation, d'un autre côté il offre aux habitans de Valence beaucoup d'autres avantages; par exemple, on y pêche des poissons excellens, et quelquefois d'une grandeur démesurée.

Les roseaux qui le couvrent servent de retraite à une multitude d'oiseaux aquatiques. Cela donne lieu très - souvent à des parties de chasse très - brillantes sur l'eau, où l'on voit quelquefois réunis jusqu'à trois cents bateaux (2). Ces chasses sont pour Valence des jours de fête générale, surtout lorsqu'on y joint la chasse

---

(1) Au bout méridional de l'Albufera.

(2) Lorsqu'on a fait lever tous ces oiseaux, ils forment, en quelque sorte, un nuage épais qui obscurcit le soleil; on les détruit quelquefois, en y faisant tirer des obus.

aux lapins ou aux perdrix qui fourmillent sur la Dehesa.

La Real Maestranza.

C'est le nom que portent quatre compagnies de chevaliers, dont l'origine se perd dans le moyen âge, et dont l'objet très-important était la défense de l'Immaculée Conception et le perfectionnement des haras. Ils sont établis dans quatre villes, parmi lesquelles Valence a le troisième rang (1).

Ces *Cuerpos* privilégiés *da Real Maestranza*, ainsi qu'ils s'appellent, ont coutume de se rassembler dans les occasions solemnelles, comme à un avènement au trône, aux jours de naissance de la famille royale, ou à la conclusion de quelque paix. Alors ils font une procession brillante et en même tems un superbe tournois, dont la description, que l'on va donner, ne sera pas peut-être sans intérêt.

(I) Les trois autres sont : *Grenade, Séville* et *Ronda.*

Pour cette fête on entoure la *Plaça* de *San Domingo* de barrières, et l'on élève à l'un des côtés un magnifique baldaquin, et de l'autre un amphithéâtre superbe. On place sous le baldaquin les portraits du roi et de la reine (1); l'amphithéâtre contient un orchestre spacieux. Le milieu de la place est couvert d'un sable fin; autour et hors des barrières, on élève un petit tertre pour les spectateurs de la classe commune.

Après-dîné, sur les quatre heures, les *Caballeros Maestrantes* se rassemblent chez leur colonel, et s'avancent en bel ordre dans la rue principale. Leurs uniformes verts et magnifiques, tout brillans d'or, et leurs superbes andalous, forment un aspect véritablement éblouissant. Il y a ordinairement quarante à cinquante chevaliers; précédés d'un chœur nombreux de musiciens, ils entrent pompeusement dans la barrière.

Dès qu'ils se trouvent vis-à-vis le bal-

_____

(1) Jusqu'au commencement de la solemnité, ils sont d'ordinaire cachés sous un rideau de soie verte.

D 3

daquin, la musique du grand orchestre qui se trouve sous l'amphithéâtre, commence, et tout d'un coup la toile qui couvre le baldaquin, se lève, et découvre les portraits du souverain et de son épouse : les chevaliers les saluent de leurs épées, et de tous côtés on entend retentir les applaudissemens et les cris d'alégresse. Les chevaliers, au petit trot, font le tour de la place, saluent les dames, se partagent en différens corps, et commencent enfin leurs manœuvres.

Le spectacle consiste en une espèce de ballet guerrier et de danse à cheval, où l'on doit faire un galop en mesure, et exécuter des figures très-difficiles. Même après avoir vu ces exercices chez Asthley ou Franconi, il est encore permis d'admirer les *Caballeros Maestrantes*, et surtout la beauté remarquable de leurs chevaux.

Ce ballet terminé, les joûtes de lance ont lieu. Près de l'amphithéâtre s'élève une statue de Minerve, qui tient dans ses mains un ruban, où est attaché un aigle qui a dans son bec un bouquet de fleurs. Tous les cavaliers y visent tour-à-tour, jusqu'à ce que l'un d'eux coupe le ruban avec la pointe de sa lance; ce qui se fait du premier coup, leur habilité dans ce genre d'exercice étant véritablement extraordinaire.

Mais ce qui ne peut se décrire, c'est l'intérêt, c'est l'enthousiasme avec lequel les spectateurs assistent à ces jeux. Tous les regards sont fixés sur le but, tous les cœurs sont partagés entre les cavaliers. On pousse des cris, on s'agite, on fait des paris énormes, les dames surtout sont transportées d'enthousiasme et de joie.

Le tournois dure pendant quelques heures, jusqu'à ce qu'enfin chaque chevalier ait remporté deux prix. Alors ils se mettent de nouveau en parade, saluent, font le tour de la place en caracolant, et sortent enfin de la barrière. Le soir on donne chez l'intendant un bal et un rifresco, où chaque chevalier dépose aux pieds de sa dame le prix qu'il a remporté, et la fête finit à minuit par un superbe feu d'artifice.

D 4

Arrosemens.

Nous avons dit plus haut que les Valenciens divisent leurs terres en terres arrosées et non-arrosées, en *huertas* et *secanos*, et que le nombre des premières est de beaucoup plus grand. Pour y parvenir, on tire parti, avec beaucoup de peine et de très-grandes dépenses, des rivières et autres courans.

Quant aux rivières qui servent à l'arrosement, les géographes en comptent trente-cinq tant grandes que petites, entr'autres le *Xucro* ou *Sucro*, et le *Turia* ou *Quadalaviar*, auquel une partie considérable de cette côte est redevable de sa fécondité.

Le *Xucro* ou *Sucro*, le plus considérable de tous, prend sa source dans la Castille, et entre dans la province de Valence par la partie du Nord – Ouest. Il tourne ensuite vers l'Orient, traverse la province dans toute sa largeur, reçoit dans son cours une foule de petites rivières, de ruisseaux et de sources, et se jette enfin dans la mer, près de Cullera.

On y a fait par-tout des saignées pour
arroser tout le pays qu'il parcourt, et ses
innombrables diramations viennent se jeter
dans un canal principal, nommé *Acequia
del Rey* (1). Le *Quadalaviar* prend sa
source dans l'Arragon, et il entre aussi
dans cette contrée par la frontière du Nord-
Ouest. Il se tourne ensuite vers le Sud-Est,
coule d'un bout à l'autre de cette province,
et se jette enfin dans la mer, près de Valence.

C'est ainsi qu'il arrose tout le pays depuis *Abemutz* jusqu'à *Ribaraga*, et on
s'en sert avec beaucoup d'avantage dans
la *Huerta de Valencia*.

A cet effet, on a pratiqué, de chaque
côté de ses rives, quatre grands canaux
principaux, au moyen desquels l'eau se
distribue par une foule de petits canaux
secondaires dans toute la contrée. (2)

---

(1) Ce canal, qui a déja été commencé par Jacques
le Conquérant, en 1276, commence près d'Antella,
et tombe enfin dans l'Abufera de Valence.

(2) C'est ainsi que, par les quatre canaux à droite,
dix-sept villages, et par les quatre à gauche, trente-
sept autres villages reçoivent de l'eau.

On s'imagine bien que ces arrosemens diminuent beaucoup les eaux de ces rivières : cela est au point, qu'à leurs embouchures elles sont très-pauvres et extrêmement basses.

Quant à l'arrosement qui a lieu avec les *eaux éparses et pluviales*, il offre de bien plus grandes difficultés. Pour cela il faut ouvrir des montagnes et des collines, établir des aqueducs, des puisards et des citernes ; en un mot, cela exige beaucoup de connaissances hydrauliques et des frais immenses.

En général on a établi à cet égard un ordre extrêmement exact, et publié des ordonnances très - sévères. Chaque commune, chaque propriétaire, chaque cultivateur a son jour, son heure, sa minute fixée pour recevoir l'eau, et après laquelle, sous les peines les plus graves, il est obligé de s'en dessaisir.

C'est sur ces arrosemens, plus ou moins curieux et plus ou moins faciles, que se règle le prix des terres ; et la quantité et la durée de l'arrosement donnent souvent, entre les voisins et les différentes communes

limitrophes, matière à des procès interminables.

Dans différens endroits, où l'on a eu
besoin d'aqueducs et de travaux dispendieux pour faciliter l'arrosement, on a
permis aux entrepreneurs d'en tirer un
parti lucratif. Par exemple, dans la *Huerta
d'Alicante*, dans *Crevillant*, etc., on paie
quelquefois seulement, pour une heure
d'arrosement, trois piastres; de sorte qu'un
seul jour rapporte au propriétaire du canal
jusqu'à soixante-douze piastres. On conçoit
par-là que la distraction des eaux peut être
regardée ici comme un délit énorme (1).

Ces arrosemens et ces campagnes fertiles,
entrecoupées de mille et mille canaux,
bordées de gazons et de fleurs, offrent de
toute part le coup-d'œil le plus intéressant.
Chaque possession représente en quelque
sorte la province entière, et semble n'être,
avec le canal principal et la multitude de
ses ramifications, qu'un tableau en petit
de toute la contrée. Ce n'est que fleurs et
que verdure; tout brille de luxe, de fraî-

_____

(1) Voyez le chapitre relatif à cet objet.

cheur et de beauté. Par-tout on entend le doux murmure des ruisseaux, dont on voit serpenter le cristal limpide sur l'herbe tendre et fleurie à travers le mobile feuillage.

~~~~~~~~~~~~~~~~~~~~

Algarrobos.

Ce sont les caroubiers, dont les siliques servent à la nourriture du bétail. Cet arbre, quand il est bien arrosé, monte d'ordinaire à une hauteur très-considérable ; on en a vu de plusieurs centaines de pieds de circonférence, et dont on retirait jusqu'à cent et vingt arrobas (1) de fruits.

En général c'est une chose presque incroyable que la rapidité avec laquelle cet arbre, malgré la dureté de sa tige, croît dans un sol favorable. Les jeunes caroubiers d'une année, ont quelquefois huit à dix pouces de grosseur, et des branches de dix à douze pieds.

Sans doute l'extrême vitalité de cet

_____

(1) Une *Arroba* est un pied et vinq-cinq livres.

arbre contribue beaucoup à son développement ; il fleurit communément deux fois l'année (1). Sa sève est toujours agissante. On le regarde comme un des plus beaux arbres de Valence. Rien de plus imposant que son port et ses formes ; rien de plus pompeux que les masses de son feuillage épais, dont les sommets touffus semblent toucher les cieux.

Au reste, on distingue trois espèces de caroubiers, qu'on désigne ici par les noms de *Melars*, de *Costeluts*, et *Liudars*. Les *Melars* ont des feuilles plus longues, moins larges, et d'un vert plus tendre que les autres, et leurs siliques distillent quelques gouttes d'une liqueur mielleuse ; les *Costeluts* ont des feuilles très-grandes et d'un vert foncé ; et leurs siliques passent pour les moins bonnes ; les *Liudars*, relativement à leurs feuilles et à leurs fleurs, forment une espèce moyenne entre les deux autres.

---

(1) A la fin de janvier ou de février, et sur le milieu de septembre.

La récolte des *Algarrobas* (1) est toujours, pour les Valenciens, une fête champêtre. Les hommes marchent armés de longues perches pour en abattre les fruits, tandis que les femmes et les enfans les ramassent en chantant et en poussant des cris d'alégresse. Tout auprès on voit des ânes qui mangent en silence ces fruits nouveaux. Un peintre valencien en a fait le sujet d'un tableau de genre qui figurerait très-bien à côté des plus beaux tableaux de paysage.

Dans les contrées montagneuses de Valence, on trouve des forêts entières d'algarrobos qui couvrent la croupe des hauteurs, où les habitans vont souvent, au péril de la vie, chercher des fruits pour la provision d'hiver de leurs bestiaux, qui dévorent avec avidité cette nourriture qui les engraisse beaucoup.

_____

(1) *Algarrobo*, l'arbre. — *Algarroba*, son fruit.

San Vincente.

C'est le patron de Valence; on célèbre sa fête (1) avec beaucoup de solemnité. Ce jour est surtout remarquable par la représentation théâtrale des miracles de ce Saint. C'est une espèce de comédie de marionettes, qui a lieu sur un théâtre que l'on construit exprès sur la place de San Domingo. Eu égard à la multitude de ces miracles, on en change tous les ans le sujet.

Considéré comme amusement, ce spectacle mérite d'être vu une fois. Rien de plus sublime en effet, que de voir le diacre rétablir une omelette gâtée, ou arrêter un taureau furieux avec son goupillon !

Qui serait bien assez profane et assez impie pour voir ce Saint, sans être ému, soutenir dans les airs un maçon qui tombe du haut d'un micalet, ou rattacher ensemble les membres épars d'un enfant, par l'attouchement d'un crucifix ! Quelquefois il

(1) Au 19 avril.

conjure les flots de l'Océan en fureur, et bannit, au milieu d'un orage terrible, pour jamais, la foudre des remparts de Valence. Honorez donc San Vincent, si vous ne voulez pas vous brouiller irrévocablement avec tous les Valenciens.

Cependant, il faut dire la vérité : ce San Vincente, tout Dominicain qu'il était, semble avoir été un très-brave homme. Il aimait beaucoup les enfans (1); jamais il ne laissa partir un pauvre sans le secourir; et il semble en quelque sorte avoir été le fondateur de l'université de Valence (2).

Vous devinez bien que les bons habitans de ce pays se sont choisis un Saint d'après leur cœur. Ainsi donc, honneur et gloire à San Vincent (3).

---

(1) C'est pourquoi l'hospice des orphelins, à Valence, est sous sa protection particulière, et s'appelle *la Casa de los Huerfanos de San Vincente.*

(2) L'an 1411. C'est lui qui en a conçu la première idée.

(3) Il est mort en l'an 1419.

Palmiers.

Palmiers.

On sait que les botanistes distinguent le palmier proprement dit (1) d'avec le palmier nain (2). Cependant il y en a qui, à cause de la fructification de ces deux espèces qui à cet égard se ressemblent, n'en font qu'un seul genre (3). On les trouve tous les deux à Valence.

Il y a près d'*Elche* des forêts entières de la première espèce. Dans ce district surtout, les habitans s'occupent à les planter; et ce sont eux qui semblent s'entendre le mieux à leur culture.

Les palmes naissent des noyaux de dattes qu'on ne transplante qu'à la troisième et à la quatrième année. On les met de préférence dans une terre limoneuse, à la profondeur de trois pieds et à une distance de six l'un de l'autre, de manière cependant qu'un palmier mâle se trouve

(1) *Phœnix dactylifera.*
(2) *Chamærops humilis.*
(3) *P. E. Cavanilles.*

E

pas obligé de grimper jusqu'à la couronne de l'arbre pour en examiner les fleurs et les fruits , et pour les tourner vers le soleil ! Avec quels efforts ne faut-il pas qu'il monte le long de la tige raboteuse et toujours vacillante, jusqu'à une hauteur de cinquante et même de soixante pieds ! Voilà cependant ce qu'on peut voir ici tous les jours ; mais ce travail ne semble qu'un jeu d'enfans en comparaison de celui qui est nécessaire pour former la couronne des palmiers.

A cet égard nous observons , que le cultivateur ne peut utiliser que les branches des palmiers qui ne portent point de fruits. Afin donc qu'ils acquièrent un port égal , et restent tendres et blancs , on leur fait au printems une opération singulière. On lie tous les rameaux ensemble en un faisceau conique , et l'on couvre le tout d'une couverture particulière, faite de paille , d'esparto , etc.

Pour y réussir , il faut s'exposer à un travail extrêmement périlleux. On ne peut , sans frissonner , voir le cultivateur voltiger autour de la couronne , jusqu'à ce qu'enfin ,

avec une travail incroyable, il parvient à
l'environner d'une corde ; afin, pour ainsi
parler, de former la base de son cône.

Cela fait, il dresse debout à l'extrémité de
l'arbre une petite échelle de douze éche-
lons, qui auparavant pendait attachée à la
tige, et il entoure la couronne d'une seconde
corde.

Lorsqu'elle est attachée, il assujettit son
échelle sur cette corde, et applique la troisième corde autour de la couronne. Ainsi, à
chaque corde, montant toujours d'un étage
de plus, il parvient enfin au sommet.

Alors il achève son cône, jette ses instrumens, ses cordes, en un mot tout ce
qui pourrait l'embarrasser, descend l'é-
chelle le long de l'arbre et s'apprête, comme
sur un escalier, à descendre d'une corde à
l'autre pour retourner en bas. Bientôt il
a franchi le cône, il atteint la tige, et, avec
la rapidité de l'éclair, il glisse en bas sur la
douce pelouse.

Au mois d'août il faut que la couronne
se lie de nouveau ; il est donc obligé de ré-
péter son travail avec non moins de risques
et d'efforts.

Les palmiers n'ont que des racines très-courtes et n'occcupent que très — peu de terrein. Ils ne donnent que très-peu d'ombrage, et une foule d'autres végétaux croissent dans leur voisinage.

Les habitans d'*Elche* savent en tirer un très-bon parti, et entremèlent les plants de palmiers, de sandins, de légumes, d'herbes potagères et d'autres productions végétales. Il serait à desirer que la culture de cet arbre si utile fût plus générale dans les contrées les plus chaudes de Valence.

En récompense on y trouve en plus grande quantité les *palmiers nains*, dont nous avons parlé ci-dessus; ils semblent se multiplier d'eux-mêmes avec leurs feuilles à longues tiges et en forme d'éventails, dans tous les endroits incultes.

On en mange les noyaux et les racines qui ont un goût d'artichaut, ou bien on s'en sert pour la nourriture du bétail; on fait de leurs feuilles et de leurs tiges plusieurs ouvrages en natte (1), et le tissu fin réticu-

---

(1) Les femmes et les enfans s'occupent par centaines à Villanueva, Silla, Senija, etc., de ces travaux.

laire, qui se trouve entre les membranes de cet arbre, offre d'excellens bouchons pour la charge du canon.

~~~~~~~~~~~~~~~~~

Bursajot.

Ce superbe bourg, éloigné de Valence d'environ trois quarts-d'heures, est situé sur une jolie colline, d'où la vue plonge sur toute la *Huerta*; on aime à y séjourner pendant l'été, à cause de la pureté et de la fraîcheur de l'air qu'on y respire.

On trouve à *Bursajot* un grand nombre de jolies maisons de campagne et d'agréables jardins, où l'on jouit, durant les huit mois d'été, de la meilleure société.

Une des choses les plus remarquables de *Bursajot*, ce sont les magasins de bled souterreins, pratiqués dans la colline; ils sont au nombre de quarante-un. On les appelle en valencien *Sijès*, et en espagnol *Silos*. Nous ne citerons point à ce sujet Columelle, Varron, etc.: nous nous contenterons d'assurer, avec *Cavanilles* et *Es-*

colano, que ces *Sijos* ne datent que de 1573.

Pour entrer dans quelque détail à cet égard, nous observerons que ce sont des fossés perpendiculaires d'environ trente à cinquante pieds, lesquels conduisent à un grand magasin voûté et revêtu de faïence, de 180—190 pieds en carré. Le bled s'y conserve parfaitement, et c'est aujourd'hui le grenier le plus considérable de Valence; mais il n'est guère rempli qu'au tiers (1).

Au dessus de ces *Sijes* on a pratiqué une jolie terrasse, d'où l'on peut voir toute la *Huerta* qui est bas.

Au reste, *Bursajot* est encore remarquable par ses figues et le superbe tombeau de la célèbre actrice *Francisca Advenant*.

Les étrangers qui veulent y passer quelques jours, ou une partie de l'été, y trouveront une *Posada* très-propre et des maisons particulières très-commodes. Un appartement garni, avec alcove et tout ce qui

_____

(1) On trouve d'autres *Sijes* encore à *Nalec*, mais qui n'ont que 12 à 20 pieds de profondeur sur à-peu-près 8 à 12 de largeur.

tient au service , coûte par mois environ
cinq écus de *Saxe* (20—22 liv.) Mais si
l'on y passait l'hiver, on ne paierait guère
que la moitié.

Mais dans cette saison, le bourg de *Bé-
nimamet*, situé un peu plus bas , offrirait
les mêmes commodités et des promenades
aussi agréables. Il est même à préférer,
surtout pour les personnes d'une santé faible. Si l'on desirait s'éloigner encore davantage de la capitale, on pourrait aller de
préférence à *Gandia*, village charmant à
sept léguas de là.

Chufas (1)..

C'est l'*amande de terre* (2), propagée
en Allemagne par *Christ* et d'autres cultivateurs. Elle est sauvage dans toute la

(1) Prononcez : *Dschufas.*
(2) *Cyperus esculentus.* En Espagnol : *Juncia avel-
lanada* ; et en langue vulgaire : *Chufas.*

province de Valence, mais à proprement parler, elle ne se cultive qu'à *Almasera* et *Alborajà*, ce qui se fait de la manière suivante :

On la plante ordinairement au commencement de juillet. On met toujours dix ou douze bulbes ensemble, de manière que les trous qu'on fait dans la terre soient à une distance à-peu-près d'un demi-pied l'un de l'autre.

Dès que la plante commence à germer, ce qui arrive ordinairement le quatrième ou le cinquième jour, il faut que les champs soient bien arrosés, et que l'on continue cette opération pendant dix jours ; il ne faut non plus oublier de les bien sarcler.

La *Chufa* continue à croître jusqu'à la fin de septembre, où elle commence à fleurir ; ce qu'il faut avoir grand soin d'empêcher, afin que la bulbe acquière plus de substance. A la fin d'octobre, ces bulbes parviennent à leur pleine maturité ; alors on les transporte dans les magasins.

En séchant, ils perdent environ un tiers de leur poids, et se vendent alors douze réaux l'arrobe : avant d'en faire usage on

les met douze heures dans l'eau ; ensuite
on en assaisonne les légumes, et on s'en
sert à Madrid , à Valence, etc., pour faire
ce qu'on nomme les *orchatas de chufos*,
qui est une espèce de lait d'amandes.

~~~~~~~~~~~~~~~~~~

Los Reyes.

C'est un couvent de Jérominites , situé
à une demi-legua de Valence; on le nomme
plus communément *San Miguel de los
Reyes*. Il est bâti sur le même plan que
l'Escurial, et paraît avoir été construit par
le même architecte. On y trouve une foule
de bons tableaux de *Joannes*, *Ribalta*,
et de *Zarinnena*; une collection considérable de manuscrits (1), la plupart d'anciens auteurs classiques ; entr'autres un de
Tite-Live, en cinq volumes in-folio, qui
est très-curieux.

Au reste, ce couvent peut contenir
soixante – deux religieux, qui jouissent de

_____

(1) Ils sont au nombre de cent cinquante volumes.

vingt-sept mille piastres de revenu. Avec cela, surtout dans un si beau pays, ces religieux semblent n'avoir d'autre occupation qu'à faire bonne chère et à se divertir plutôt que d'étudier.

~~~~~~~~~~~~~~~~~~

Alpargates.

Le délicieux climat de Valence, qui offre toutes les aisances de la vie, favorise aussi ce genre de chaussure, particulière au pays, et qui semble déja avoir été en usage chez les Maures.

Les *Alpargates* sont de légers souliers faits de chanvre ou d'*esparto*, avec une semelle épaisse d'un pouce que l'on garnit de goudron. Les quartiers sont tout au plus de la grandeur d'un pouce et demi, et les empeignes à-peu-près larges de quelques doigts.

On borde ces *Alpargates* avec des rubans, dont le bout sert à les attacher. Ces rubans se croisent jusqu'aux mollets : les jours de fête on les orne encore d'une multitude de franges, de nœuds, etc.

Une danseuse d'opéra ne met pas plus de coquetterie et de recherche à sa chaussure, que ne fait le dimanche une paysanne valencienne, en ajustant ces *Alpargates* avec des rubans bleus et couleur de rose. Ils forment la chaussure la plus commode et la moins chère qu'on puisse trouver, et sont par conséquent, en plusieurs endroits de cette province, un article de commerce très-avantageux.

A *Uxq*, par exemple, à *Chelva*, à *Forcali*, à *Millares*, trois ou quatre cents personnes, la plupart incapables de travaux pénibles, s'occupent à cette fabrication; on y en vend chaque année jusqu'à vingt à vingt-quatre mille paires. Si l'on évalue la paire seulement à deux ou trois réaux, on aura un débit annuel de quarante-huit jusqu'à soixante-treize mille réaux.

Tremblemens de terre.

A ce mot qu'on n'aille pas se représenter les bouleversemens terribles de

Lisbonne et de Messine ! Non, ce ne sont que de légères ondulations horizontales et passagères , auxquelles on est accoutumé , et on n'y fait à peine attention. On sent rarement ici des secousses plus fortes , et elles n'ont jamais produit les ravages qui ont désolé d'autres contrées. Elles semblent même n'avoir jamais été que partielles.

La chronique de Valence n'en cite que deux , savoir celle de 1545 et de 1748. Mais la plus violente secousse que l'on ait éprouvée , n'a duré tout au plus que dix-sept minutes.

« Serait-il donc vrai que la plus belle partie de l'Espagne , ce paradis de l'Europe, aurait à craindre la *possibilité* d'être engloutie par un tremblement de terre ? » — Banissons ces terreurs ! personne ici ne s'en occupe. S'avise-t-on sous un si beau ciel de se livrer à de semblables alarmes ?

Etrangers , qui desirez voir cette contrée , tranquillisez - vous ! Le long de la côte, surtout dans la *Huerta* de Valence, on n'a encore jamais ressenti aucune secousse qu'on puisse appeler continue.

Pita.

C'est l'aloès arbre (1), qui dans les terres sèches se multiplie extraordinairement, et dont les feuilles dures et pointues peuvent servir avantageusement à border les champs, les jardins, les prairies, les routes, etc. En outre on en fait des cordes, des licous, des glands, des bordures, et d'autres ouvrages d'un tissu plus ou moins fin.

Pour pouvoir employer les feuilles, on les prépare de la manière suivante : on les coupe (2) jusqu'à la racine ; on les macère en les écrasant avec une pierre, et on les lie en faisceaux au nombre de dix à douze.

Cette opération faite, on les cloue par le bout supérieur, sur une table de pierre

---

(1) *Agave americana.*

(2) Cette opération ne doit se faire qu'aux mois de juillet et d'août. On n'y emploie cependant que les feuilles du milieu, les feuilles extérieures étant trop dures et les feuilles intérieures trop molles.

placée en biais, et on les ratisse avec un
fer pointu et dentelé, jusqu'à ce que les
filamens perdent toutes leurs parties spon-
gieuses et se divisent entièrement. Alors
on sèche les feuilles à l'air, ou les teint
à son gré, et l'on s'en sert sans autre
apprêt, pour les usages les plus grossiers.

Quant aux ouvrages plus fins, il faut
encore les faire passer par une certaine
lessive qui leur donne la douceur et la
souplesse de la meilleure soie. Cette manière de les préparer est encore un secret, jusqu'à présent au moins (en 1798)
aucun fabricant n'en connaissait le pro-
cédé.

On mêle ces filamens d'aloès de fils de
chanvre, et l'on en fait une excellente
toile. Alors on donne à ce tissu une couleur bleue qui avec le chanvre teint en
jaune, produit une espèce d'étoffe mêlée.

Les paysans en font quelquefois un
autre usage encore. Par exemple, ils en
coupent les feuilles en petits morceaux
pour en nourrir leurs bœufs. C'est un
aliment qu'on dit être très-rafraîchissant;
au

au moins le bétail en est extrêmement
avide.

Voilà ce qu'on fait de l'aloès en ce pays.
Quand on voit, pour la première fois, sur
les routes de l'Espagne méridionale ces
longues files d'agaves en fleurs, à perte
de vue, hauts de vingt à trente pieds,
on ne pense qu'avec un sourire dédai-
gneux à nos serres et à ces plants mesquins
d'aloès que nous y cultivons avec tant de
soin.

~~~~~~~~~~~~~~~~~~

Porta Celi.

C'est un monastère de Chartreux, à quatre léguas de Valence, sur le penchant
d'une montagne, d'où l'on jouit d'un coup-
d'œil superbe. Tout y respire le calme, le
repos, et le recueillement. Ces cellules
solitaires, ces rosiers qui tapissent les fe-
nêtres, ces hauts platanes qui ombragent
le cimetière, tout dans cet asile inspire
la paix de l'ame, le doux contentement et
l'oubli des vaines agitations du monde.

.F

L'amateur des arts qui se rend à *Porto Celi*, ne doit pas oublier de voir les superbes colonnes de marbre de l'église, où l'on trouve dans la sacristie plusieurs bons tableaux d'*Alonso Cano* et d'*Espinosa*; entr'autres une Madonne qui donne à manger à l'Enfant Jésus, et qui mérite une attention particulière.

Les montagnes voisines offrent une foule de jouissances au botaniste : il y trouve des bois épais de cistes, des *Phillyrea*, de fraisiers (*Arbutus Unedo*), de lauriers sauvages (*Viburnum Tinus*), d'arbres de mastic (*Pistacia Leniscus*), d'oléandres (*Nerium oleander*) etc., une foule de belles *Andropogones*, d'hyacinthes, plusieurs espèces de pavots, etc., avec le mélange le plus varié.

Porta Celi offre encore une chose intéressante que le voyageur ne doit négliger, c'est le *Vino de la Cartuxa*, qu'on cultive surtout sur le domaine du monastère, et dont on vend la bouteille jusqu'à huit ou dix réaux. C'est ainsi, qu'enrichie par tous les dons de la nature, cette chartreuse, comme l'indique son nom, semble être en effet sinon le ciel même, au moins son aimable entrée.

~~~~~~~~~~~~~~

Faïence.

Il existe une multitude de manufactures de faïence dans cette province (1), entre autres celle d'*Alcora*, à vingt lieues au nord de la capitale qui est la plus estimée par ses produits. On remarque surtout les *Azulejos*, ou les petits carreaux de faïence, dont Alcora pourvoit toute la contrée. On s'en sert pour carreler les appartemens, ce qui contribue beaucoup à la propreté.

En été, ces carreaux garantissent de la chaleur, et en hiver, de l'humidité ; au reste, ils sont ornés de diverses figures, et on a trouvé l'art de leur donner les couleurs les plus vives ; mais il semble qu'on n'a pas encore trouvé le secret de leur donner un rouge tel qu'on pourrait le desirer.

_____

(1) Par exemple, à *Ribesalles*, *Onda*, *Manises*, etc.

Pour ce qui concerne les autres ouvrages en faïence, ils sont surtout remarquables par la finesse de leur pâte et la beauté de leur forme. Il faut dire la même chose de la porcelaine dont on a fait des essais, et qu'avec des ouvriers de la fabrique de Sèvres, on a su porter au plus haut degré de perfection.

Indépendamment de ces manufactures de faïence, parmi lesquelles celle de *Manises* fournit une sorte d'*Azulejos* plus grossiers, il y a encore dans la province beaucoup de fabriques de potterie. Par exemple, il y en a à *Alagnas*, à *Canals*, à *Liria*, à *Segorbe*, etc., qui fournissent à tous les pays et aux provinces circonvoisines des marchandises élégantes et à fort bas prix.

Puzol.

C'est un petit bourg très-joli, environné des plus superbes plantations, à-peu-près à trois lieues de Valence, qui, depuis plu—

sieurs siècles, est le lieu de plaisance ordinaire de la plupart des archevèques de
Valence.

Ce qui, à *Puzol*, fixe surtout l'attention du voyageur, c'est un assez beau jardin de plantes qui, il y a à-peu-près quatre-vingts ans, a été formé par un des
évêques de Valence, et qui vient d'être
organisé de nouveau l'an 1799.

C'est vraisemblablement au zèle du célèbre *Cavanilles*(1) que l'on doit une foule
de végétaux les plus beaux et les plus rares
de tous les climats, qui offrent la plus superbe collection. On y rencontre, par exemple, plusieurs sortes de *Yucca*, de *Cactus*
et de *Mimoses*, la *Parkinsonia*, la *Poin-
ciana*, le *Cupressus disticha*, ainsi qu'une
collection choisie de sauges, *Sidas*, de mau-
ves, de becs-de-grues, etc., toutes de la plus
belle venue. Le superbe *Budleja* y atteint
sa hauteur ordinaire; l'*Usteria trepaedra* y
tapisse les murs. Au reste, toutes les plantes
y sont rangées d'après les classes établies
par Linnée.

_____

(1) Il est natif de Valence.

Mais ce jardin pourrait encore être enrichi d'une foule de plantes qui croissent dans le voisinage, et qui ne sont rien moins que communes ; par exemple, il y faudrait mettre la *Loefflingia hispanica*, l'*Ornithopodium minus*, l'*Iberis sempervirens*, le *Narcissus Jonquilla*, une foule de *Cistes* très-rares, des espèces de *Cyperus*, etc.

Culture du Riz.

On cultivait jadis le riz sur presque toute la côte de Valence, et même dans l'intérieur de la province, surtout le long des grandes rivières, avec une espèce de fureur. A présent cette culture est plus restreinte ; cependant elle occupe encore près de 200,000 *Hannegadas* (1). On porte la récolte annuelle de cette production

(1) Une *Hannegada* contient 400 *Estadales*. Un *Estadale* est de 5 pieds carrés ; une *Hannegada* offre par conséquent un espace de 2,000 pieds.

à 291,700 *Cahices* (1), montant au prix de 43,755,000 réaux.

Il faut remarquer qu'un *Cahice* et demi non écossé de riz coûte 225 réaux, et écossé 230 réaux. Dans ce dernier cas les dix-huit *Barchillas* qui forment le *Cahice* et demi, diminuent d'un huitième, et s'appellent alors un *Cahice de meûnier*. Au reste le riz de Valence se transporte presque dans toutes les provinces de l'Espagne, et forme par conséquent une branche considérable de commerce.

Mais tout bien calculé, les avantages qu'on en retire ne semblent qu'illusoires. Malgré tous les raisonnemens de ceux qui spéculent sur cette denrée, il est prouvé jusqu'à l'évidence que cette culture est désavantageuse au dernier point, soit à la population, soit aux autres cultures.

Quant à la *population*, il suffit de consulter les extraits de naissance et de mort, année commune, depuis cinquante-sept ans. On compte dans les lieux où l'on cul-

_____

(1) Un *Cahice* est de 250 livres.

F 4

tive les riz 136,248 naissances et 39,595 décès ; tandis que dans les contrées plus salubres on trouve 42,022 naissances, et seulement 29,630 décès. Si l'on compare ces données, on se convaincra que, dans les dernières contrées, les naissances l'emportent de 1574, et le nombre des décès est moindre de 9965, ce qui par conséquent donne dans les cinquante-sept années susdites un excédant de plus de 15,739 individus.

De même par une foule de calculs semblables, il est démontré que dans les contrées où la culture de riz a été abolie, la population a presque doublé dans l'espace de vingt ans.

A l'égard de l'influence nuisible de la culture du riz sur celle des autres productions, elle semble de même constatée par l'expérience. Près du *Turia*, par exemple, on retirait à l'époque de la culture du riz, à peine pour 25,000 piastres en soie, vin, olives, etc. A présent on porte la récolte annuelle au moins à 36,000.

Ceci donne un excédant de 11,000 piastres, par conséquent résultat supérieur, ou au moins semblable à celui qu'offre, avec un bien plus grand préjudice pour la santé, la culture du riz.

« Mais, dira-t-on, la culture du riz est nécessaire, en égard à la position économique de Valence. Nous pouvons à peine avoir du bled pour six mois; il ne faut donc pas laisser échapper un si excellent supplément, une denrée d'échange si avantageuse, avec laquelle on se procure le froment de la Castille et de la Mancha. »

J'entends !.— Mais pourquoi donc employer tant de terres fertiles à la culture du riz ? A quoi bon ce supplément qui exige les plus rudes travaux et qui cause le préjudice le plus sensible à la population ; tandis que l'on pourrait faire venir avec bien moins de peine et sans aucun danger, le plus beau froment ? A quoi bon des objets d'échange, quand ce qu'on veut avoir par ce moyen, pourrait venir bien plus sûrement et à moindre prix dans le pays même ? »

« Nul doute que les négocians, qui

s'enrichissent à vos dépens, et qui gagnent aux deux articles, ne vous affirment tous les jours le contraire. Mais faites en l'essai ; bornez la culture du riz aux contrées déja marécageuses près de l'*Abuféra*, et vous ne serez plus obligés d'acheter du bled de l'étranger. »

Voilà pour ce qui concerne la culture du riz en général. Ajoutons-y encore quelques détails sur ce qui regarde la méthode employée à cette culture.

Dans cette contrée on fait venir le riz, soit de semence, soit (ce que l'on préfère) en piquant du plant pour en obtenir des moissons plus abondantes. Cela se fait au commencement de mai et un mois après ; et lorsque le plant est parvenu à-peu-près à un pied de hauteur, on le transplante de nouveau.

On en met jusqu'à trois ou quatre plantes ensemble, observant que chaque petite plante soit éloignée l'une de l'autre d'un pied environ. Alors il faut que l'eau dont on a soin de les arroser, ou plutôt de les inonder, les couvre au moins de deux pieds. Vers la St. Jean, on laisse écouler cette eau seulement pour quelques jours pour faciliter le sarclage.

C'est ainsi que le riz continue à croître jusques vers la fin d'août, où il commence à fleurir, et quatre semaines après il mûrit parfaitement; alors on le fauche, on l'écrase comme le bled, sous les pieds des mulets, et on le porte à la mouture. Le moulin est construit comme les moulins à bled ordinaires, avec cette différence, que la meule est garnie de liège; tous les travaux qu'exige cette culture sont extrêmement pénibles, surtout le fauchage qui doit toujours se faire dans l'eau.

Quand on peut prendre sur soi de faire route par une contrée de riz, on y voit souvent les champs changer d'aspect tout-à-coup comme par miracle. Par exemple, le matin vous voyez la terre couverte de froment; à midi la moitié en est déja fauchée; le soir on laboure, et dès le matin vous voyez des plantes de riz déja hautes d'un pied. Ces métamorphoses subites sont très-communes à Valence.

Benidorm.

C'est une petite bourgade bien bâtie et extrêmement peuplée sur la côte, dont les habitans sont peut-être les meilleurs pêcheurs de la province de Valence. On vante surtout leur singulière habileté dans la grande pêche des thons; voilà pourquoi on les choisit d'ordinaire pour les *Almadrabas* annuels depuis Tortose jusqu'à Carthagène.

Le thon est connu; on en trouve partout la description et la figure. C'est un poisson de passage qui va toujours en troupe et qui, surtout vers l'époque du frai, recherche les bas-fonds du rivage. C'est cet instinct, naturel à ce poisson, qui a donné occasion aux *Almadrabas*, espèce de pêche où excellent les matelots de *Benidorm*.

L'*Almadraba* se fait avec de grands filets qu'on dispose ordinairement à deux cents brasses du rivage. Il faut que la plus petite *Almadraba* ait au moins cent trente brasses de longueur sur dix-huit à trente

de largeur , et qu'elle soit composée des
meilleurs et des plus forts filets d'esparto (1).

On la divise en plusieurs compartimens
(*Cameras*) , qui vont toujours en se rétré-
cissant, et qui se joignent par des ouver-
tures successives, dont la dernière, qui se
nomme *camera de la muerte* , est la plus
étroite et la plus essentielle.

On voit que l'objet consiste à attirer les
thons dans une enceinte , ce qui peut se
faire aisément par une espèce de rempart.
Ce rempart est formé par un long filet
qu'on étend depuis le rivage jusqu'à l'entrée de l'*Almadraba*, où l'on force les
thons de se concentrer au moyen d'une
file de bateaux stationnaires , d'apâts, etc.

C'est ainsi que les thons se rassemblent
souvent au nombre de cinq à cix cents ,
et quelquefois davantage. Ils suivent

_____

(1) On fait descendre ces filets , moyennant des
pierres qu'on y attache, jusqu'à la profondeur de
vingt brasses , dans l'eau ; on les assujettit par des
ancres , et on les fait flotter au moyen de petits
morceaux de liège.

d'abord la bande , et là ils se rendent dans l'*Almadraba* , d'où , en restreignant les filets , on les pousse successivement d'un compartiment dans l'autre ; et cela se fait avec la plus grande précaution , jusqu'à ce qu'enfin on les rassemble tous dans la *camera de muerte*, garnie et consolidée en bas par d'autres filets extrêmement forts.

Alors on les fait sortir l'un après l'autre par une petite ouverture , et on les tue en leur assenant un coup avec tant d'adresse , que le poisson est forcé de sauter dans le bateau qui le reçoit.

On emploie à cette pêche les pêcheurs de *Benidorm* de préférence à tous les autres du pays. On les paie si largement que le moins habile d'entr'eux rapporte ordinairement , après quatre ou cinq mois de *station* (1) , cinq à six cents réaux chez soi.

Il est facile d'obtenir la permission de voir cette intéressante capture. Il suffit

_____

(1) Savoir depuis avril jusqu'en septembre.

d'avoir une lettre du Commissaire de la marine, ou de faire une générosité de quelques piastres à l'*Arraez*, nom qui désigne le capitaine d'un bateau. Quand on y ajoute une demi-douzaine de bouteilles de vin ou quelques rafraîchissemens, on a lieu de s'applaudir de sa journée.

Et en effet, la disposition d'une *Almadraba* forme un coup-d'œil plein d'intérêt et de vie. Tous ces bateaux rangés en file le long de la bande, tant de mains occupées à tendre les filets, les différens commandemens de la manœuvre et les cris d'alégresse qui retentissent de toutes parts, produisent une succession de scènes extrêmement gaies.

Ces poissons alarmés, forment, en sautant, de grands cercles et entrent à grand bruit dans l'*Almadraba*, et se sentant à chaque instant plus à l'étroit, ils remplissent bientôt tout l'espace de leurs immenses nageoires.

On les voit fourmiller et nager pêle-mêle, en bondissant, jusqu'à ce qu'enfin l'*Almadraba* se ferme, et qu'arrive l'instant décisif.

Alors les bateaux vont stationner sur le

derrière du filet , où l'on voit pirouetter en foule les poissons concentrés les uns sur les autres. Aussitôt le pilote donne le signal, on ouvre l'entrée du filet ; l'*Arraez* lève sa massue , et , comme par une force magique, chaque poisson s'élance l'un après l'autre, dans le bateau qui chancèle sous lé poids.

. La mer réfléchit au loin la lumière flottante du soleil, et une fraîcheur délicieuse s'élève des vagues bienfaisantes. Tout est vie et mouvement, et autant que la vue peut s'étendre , on voit la plaine liquide toute couverte d'hommes et de bateaux. Mais pourquoi m'arrêter à décrire imparfaitement une scène que l'immortel *Vernet* nous offre toute vivante dans un de ses magnifiques tableaux? (*la Pêche du Thon.*)

Outre cette pêche , les habitans de *Benidorm* s'adonnent encore à celle des sardines, qui a aussi ses plaisirs , et qui devient intéressante par mille et mille détails. Ceux qui aiment ce divertissement auront de quoi passer quelques jours très-agréables à *Benidorm.*

On

On remarque encore dans cette bourgade
une chose qui lui est particulière , c'est
que ce sont les femmes qui s'occupent aux
champs et qui les cultivent avec beaucoup
d'activité et d'intelligence.

~~~~~~~~~~~~~~~~

Barilla (1).

Parmi les différentes soudes qu'on trouve
sur les côtes de Valence et de Murcie,
la *Barilla* (*Salsola sativa*) mérite la première notre attention. Nous n'entrerons
pas ici dans la description botanique de
cette plante qui est connue ; nous nous
contenterons de donner quelques détails
sur sa culture et son usage.

La *Barilla* vient avantageusement dans
une terre sèche , chaude et nitreuse. On
la sème vers la fin de mai; si on le peut
faire immédiatement avant la pluie, elle
germe et sort de terre au bout de vingt-
quatre heures.

---

(1) Ce nom désigne tantôt la plante , ainsi que son
fruit, et tantôt la soude qu'on en retire.

G

Elle croît à-peu-près à un pied et demi de hauteur ; elle a trois pieds de circonférence, quand ses feuilles, qui sont d'un vert tirant sur le bleu, se colorent en rougeâtre ; ce qui d'ordinaire arrive au mois d'août.

Alors on l'arrache, on la lie en petites gerbes, et on la met pour quelques jours au soleil pour sécher. Ensuite les bottes (1) s'amoncèlent en tas, et l'on a soin de les assujettir contre les vents au moyen de quelques pierres.

Lorsqu'enfin la soude est en état d'être brûlée, on creuse auprès de chaque tas de grands trous (2), où l'on fait un feu continuel pour les échauffer, jusqu'à la profondeur de quelques pouces. Ensuite on balaie soigneusement les cendres, et

(1) On les nomme *Garverones*. Ils ont ordinairement quatre ou quatre pieds et demi de hauteur, sur une base d'un pied.

(2) Leur profondeur et largeur sont déterminées d'après la quantité de la soude qu'on se propose d'y brûler. Pour obtenir une masse de dix quintaux, on leur donne la largeur et la profondeur d'un pied et demi.

on y met trois ou quatre gerbes de *Barilla* légèrement serrées, et on les allume peu-à-peu.

Il faut avoir aussi l'attention, lorsqu'on fait les fosses, de choisir toujours le côté du vent, et en en fermant l'ouverture, d'y laisser deux grands soupiraux.

Voilà comme on brûle une partie de la soude, l'une après l'autre ; mais on ne touche point à la masse enflammée, et on ne la remue que lorsque le tiers de la soude est consumé.

Alors les cinq hommes destinés à cette besogne, viennent avec de longs crocs de fer, et agitent en tous sens cette masse enflammée ; ils la remuent dix à quinze minutes avec une force surprenante.

Ensuite on brûle l'autre tiers, et l'on répète la même opération pendant dix minutes de plus. Enfin on y ajoute le dernier tiers, qu'on remue encore avec tout le reste à-peu-près une demi-heure (1).

Pour la faire refroidir, on couvre le trou de terre ; et après quelques jours on en

_____

(1) On appelle ces procédés *Choqueaduras*.

retire rne espèce de substance tout-à-fait vitrifiée.

C'est cette *Barilla* qui forme dans la province de Valence une branche très-lucrative de commerce. Le quintal se vend soixante-dix , quatre-vingts , et quelque fois même jusqu'à cent et dix réaux , et l'on compte qu'en général il en va chaque année jusqu'à 150 à 160,000 quintaux en Angleterre, en France, etc.

La province de Valence possède encore, pour le dire en passant , une foule de plantes de soudes d'une qualité inférieure, avec lesquelles on fait la *soude* proprement dite. C'est celle dont les fabricans de savon se servent le plus ordinairement. Il en va tous les ans 28,000 quintaux en Angleterre , en France , en Hollande , etc. ; et elle se vend le quintal environ 40 à 50 réaux (1).

_____

(1) On emploie, comme l'on sait , cette *Barilla* dans les verreries. La meilleure espèce doit être sèche , tirant sur le bleuâtre , et poreuse ; en la mouillant elle ne doit pas sentir le moisi ; et ne point contracter une croûte verdâtre.

Epidémies.

Elles n'ont pas lieu par-tout, mais seulement dans quelques contrées de la province de Valence que le voyageur doit éviter avec soin; savoir la *Huerta d'Alicante*, la contrée d'*Oropesa*, la banlieue de *Museros*, et en général dans tous les lieux où l'on cultive encore le riz.

Dans la *Huerta d'Alicante*, à *Oropesa* et à *Museros*, où il existe plusieurs lagunes et marais, règnent assez fréquemment des fièvres scarlatines. Le long du *Ribera de Xacar* surtout, les fièvres putrides semblent être endémiques.

Dans la *Huerta d'Alicante*, c'est l'été; dans les autres contrées l'hiver et l'automne, où l'épidémie est la plus violente. Souvent elle prend un caractère vraiment pestilentiel, et emporte quelquefois en un seul jour jusqu'à vingt et vingt-cinq personnes.

Cependant il faut dire que la mauvaise méthode des médecins ne contribue pas peu à cette excessive mortalité. Cela est vrai, surtout eu égard aux *Ciru-janos* des bourgades et des villages qui, en général, sont d'une ignorance extrême. Personne, pour ces sortes de fièvres, ne s'avise de mettre des ventouses et de faire saigner les malades. Ce serait cependant là le remède; mais que négligent ces *facultativos*, qui restent imperturbablement attachés à leur vieille et mortelle routine.

Ajoutez à cela la mal-propreté, la superstition dans l'usage d'entasser les morts, et l'insouciance funeste concernant les habits infectés de ces miasmes dangereux. Il n'y a rien de surprenant si ces maladies deviennent aussi contagieuses qu'elles le sont.

Le moyen le plus sûr pour les faire cesser entièrement, serait sans contredit le dessèchement des lagunes et des marais. En effet, il en a souvent été question; mais on ne voit pas que l'on pense à mettre ce projet à exécution. Il serait à désirer que l'Espagne pût être en paix seulement une trentaine d'années, et qu'elle eût, pendant le même tems, un second *Aranda*, *Campomanes*, *Jovellanos*, à la tête des affaires et du ministère : alors on verrait quelle

métamorphose s'opérerait dans cette magnifique contrée.

~~~~~~~~~~~~~~~~~~~

Cannes à sucre.

On ne les a cultivées jusqu'à présent qu'à
Gandia et dans les villages circonvoisins,
Benirredra et *Benipeix*, où l'on en plante,
soit à cause de leur suc rafraîchissant, soit
afin d'améliorer les champs. Dans toutes
les autres parties de la contrée méridionale
de· Valence ¯, cette culture semble être aujourd'hui oubliée depuis l'introduction du
sucre des Indes occidentales. Nous donnerons ici une idée de la méthode, telle qu'elle
est aujourd'hui généralement en usage à
Gandia, etc.

Avant tout on divise le champ en deux
planches parallèles, larges de deux pieds,
et chaque planche, (mais seulement pour
le quart de sa longueur) en d'autres
petites planches, moyennant plusieurs sillons parallèles et transversaux, à une distance de dix pouces l'une de l'autre.

G 4

Dans chacun de ces sillons transversaux, on plante vers la fin de mai, quatre petits jets de l'année précédente, d'environ dix pouces de longueur, lesquels doivent avoir au moins trois bourgeons. On les met toujours à la distance de cinq pouces l'un de l'autre. On les arrose avec soin, selon que l'exige la saison.

Quand dans les deux premiers mois ils ne poussent pas de racines très-profondes, on peut, dans le reste de la planche, faire venir de la salade et d'autres herbes potagères; mais vers la fin de mai, la terre doit être débarrassée de toute autre plante étrangère à la canne.

Lorsque les jeunes cannes ont un bon pied de hauteur, elles ne peuvent plus rester nues et sans être abritées; alors il faut les couvrir, au moins jusqu'à la moitié de leur hauteur, de fumier et de terre, qu'on prend dans la partie de la planche qui est restée vide.

On continue ce travail jusqu'à ce qu'enfin la canne, au commencement de novembre, soit parvenue à toute sa croissance, et puisse être bientôt coupée.

Quand on a bien engraissé et arrosé les planches, la moisson est ordinairement très-abondante, et le produit monte au moins à vingt-cinq cannes pour chaque surgeon. En calculant au plus bas le produit du suc et la valeur de l'engrais qui résulte des racines restées dans le sol, on trouvera encore un très-joli bénéfice pour une plantation de ces cannes.

On vend ordinairement le suc quatre réaux la livre ; et un champ de cannes à sucre, sans avoir besoin d'engrais, forme les deux années suivantes une excellente terre pour le froment et le maïs.

Au reste, la moisson de cannes à sucre est, dans le district de *Gandia*, une véritable fête pour tous les âges, et chacun la passe presque toujours dans la gaîté et dans une douce ivresse que le jus sucré de la canne ne manque pas de produire lorsqu'on en prend en certaine quantité.

Marbre.

La province de Valence a une foule de carrières de très-beau marbre, dont on en extrait de superbes blocs. Par exemple, à *Buixcarro*, renommé dans toute l'Espagne par la beauté et la finesse de ses marbres, on en trouve des couches presque horizontales, dont on tire des colonnes de trente pieds de hauteur sur douze ou quatorze pieds de diamètre.

Les carrières de marbre de *la Cervera* sont également remarquables; on en trouve jusqu'à quinze ou dix-huit espèces différentes qui offrent les couleurs les plus rares. Nous ne disons rien des carrières de *Rosell*, de *Tramus*, de *Rollo*, de *Cuevas*, etc., toutes très-renommées par leurs diverses espèces de marbre, d'un grain très-fin, susceptibles d'un très-beau poli.

Il est cependant à regretter que la plus grande partie de ce produit soit restée jusqu'ici sans être employée. A peine les plus belles espèces de *Buixcarro* et *Cervera* servent à la construction des palais de la

capitale, ou des églises et cloîtres, tout le
reste de ces carrières est encore inconnu
même aux propriétaires.

Quel remède apporter à cette négligence?
Il faudrait éveiller l'intérêt des nations
commerçantes à ce sujet. Quelles sommes
énormes ne dépense-t-on pas de toutes parts
au marbre d'Italie? Celui de Valence ne
lui est inférieur sous aucun rapport, et
on pourrait l'avoir cinquante pour cent
à meilleur prix. Il suffirait de faire un
essai pour procurer aux pauvres habitans
de ces montagnes, une nouvelle branche
d'industrie, et à toute la province un objet
de commerce important.

~~~~~~~~~~~~~~~~

Culture de Soie.

La soie dont la brillante Asie a été le
berceau, et dont la culture réveille une
foule d'images méridionales, forme le produit le plus considérable de la province
de Valence; elle occupe la plus grande
partie de ses habitans, et cet objet balance

presque seul tous les autres articles ensemble.

Il est fâcheux que les Valenciens, malgré la vivacité de leur imagination, soient
demeurés si fort en arrière relativement à
cet objet, et que malgré tous les essais et
les encouragemens du gouvernement, ils
veuillent, avec la plus grande obstination,
suivre à cet égard leur ancienne routine.

Cela a lieu surtout quant à la manière de
devider, qui est ici la plus mauvaise qu'on
puisse employer. On sait qu'un fil de soie,
pour être parfait, doit être formé de deux
brins principaux, dont chacun se compose
quelquefois de quatre différens fils de co-
cons. Il faut que ces brins principaux soient
unis ensemble de la manière la plus exacte,
par un moyen qui les identifie l'un avec
l'autre.

Voilà la méthode nouvelle perfection-
née par *Vaucanson*, usitée dans tout
le Piémont; mais elle est absolument inconnue à Valence. A tout hasard on de-
vide partiellement les différens brins sur
un seul et même devidoir, sans s'embarrasser s'ils sont encore bruts et filamenteux.

En vain le gouvernement s'est-il efforcé
d'adopter la méthode de *Vaucanson*, en
proposant mille encouragemens ; en vain
Lapayesse, l'homme le plus instruit sur
ces objets et expressément appelé pour
cela, a-t-il, il y a plus de vingt ans, mul-
tiplié par-tout ses instructions à *Bilanesa*,
dans le voisinage de la capitale : la plupart
des fabricans, malgré ces efforts, semblent
ne pas vouloir se départir de leur mauvaise
manipulation.

Pourquoi cela ? Par une raison bien
simple ; c'est que la livre de cette soie est
de cinquante ou soixante réaux meilleur
marché que l'autre, et d'ailleurs bien plus
aisée et bien plus propre à travailler. Que
leur importe que les étoffes, qui en proviennent, soient mauvaises, et donnent un
avantage distingué aux fabriques fran-
çaises ? Leur ambition ne s'élève pas jusqu'à
vouloir établir un commerce avec l'étranger ;
ainsi les acheteurs du pays sont ou accoutumés à leur soie d'une qualité inférieure
ou obligés de s'en contenter.

En général les fabriques de soie sont
ici mal organisées. Il n'y a aucun point

de ralliement, pour que les préparations de la soie soient sous une surveillance attentive, afin d'être dirigées d'après un certain système, et assujetties à la précision et à l'exactitude. Ici on n'a aucune idée de ces règlemens; tout est isolé, tout est au hasard, morcelé entre mille personnes désunies, par conséquent rien ne se fait qu'à demi, et qu'imparfaitement. Je reviens à la soie *brute*.

On calcule que Valence gagne annuellement sur cet objet jusqu'à un million et demi de livres, la livre au prix de 4, 5 Pesos. De cette quantité il en va à-peu-près 38,430 livres au-dehors; partie dans les autres provinces de l'Espagne, et partie par contrebande en Angleterre, en France et en Portugal; le reste se consomme dans le pays.

En quelque endroit que l'on porte ses regards à Valence, tout vous retrace la culture de la soie. Les vastes plantations de mûriers, le bourdonnement continuel des devidoirs et des métiers, la profusion d'habits, de mouchoirs, de bas de soie, enfin une quantité de colifichets de cette

nature, comme rideaux, couvertures, ré-
seaux, etc. ; tout indique une industrie
parfaitement en rapport et en harmonie
avec la douceur du climat.

Routes.

Les principales grandes routes dans
toutes les contrées qui portent le nom de
Plana ou plaine, sont excellentes. On voyage
sur les chemins ferrés, au milieu des plus
beaux paysages, et qui offrent le spectacle
de la fécondité la plus variée ; on rencontre par - tout des ponts et des indica-
teurs itinéraires, des hospices et des *Ventas*,
construites avec beaucoup de luxe et d'élégance.

Cela est vrai , surtout relativement au
nouveau *Camino-Real* , qui conduit de
Valence à *Madrid*. Aucun étranger ne
fait cette route , où l'on ne voit qu'agrément et fertilité , sans éprouver le plus
grand plaisir. Les *Ventas* sont pourvues de

lits très-propres, et sont très-bien meublées; on y est servi en faïence anglaise.

Les routes de traverse, qui vont d'un village à l'autre, sont incommodes et quelquefois peu praticables. Etant assez souvent de cinq à six pieds plus bas que les champs, elles deviennent en hiver, par des inondations soudaines, souvent inabordables pendant plusieurs jours.

Les chemins dans les montagnes sont plus pénibles encore; et quelquefois on ne saurait y passer sans péril. Il y en a où à cause de la multitude des cailloux on ne peut aller en voiture.

Mais en récompense on est agréablement surpris; on croit marcher d'un jardin à l'autre. On parcourt trois fortes *leguas*, toujours avec les plus belles perspectives jusqu'aux portes de Valence, et on croit n'être resté en route que tout au plus une demi-heure.

Salines.

Salines.

Elles se réduisent aux *Salinas de Manuel*, de la *Mafa*, et de *Torreviega*.

Les *Salinas de Manuel* sont situées dans la proximité de *Saint-Felipe*, dans la partie méridionale de la province, sur le penchant d'une montagne de plâtre. On y puise la saûmure au moyen d'une file de puisards, et elle est conduite par plusieurs bassins de différentes dimensions, pratiqués l'un au dessus de l'autre.

On imagine bien que cette opération se fait en raison de la cristallisation plus ou moins lente. On a soin que les bassins inférieurs soient toujours plus petits. On fait monter le rapport annuel de ces salines, tous frais déduits, de 16 à 18,000 piastres.

Une autre saline considérable est celle qu'on appelle *Salinas de la Mata*. Elle est située pareillement dans la partie méridionale de la province au Nord, vers le cap *Cerver*; et éloignée de la mer à-peu-près de mille cinq cents toises. Elle forme un grand bassin qui a à-peu-près une

H

lieue et demie de circonférence, dont le fond est rempli de limon. Il s'y mêle une grande quantité d'eau de pluie qui découle des montagnes, avec l'eau de la mer qui filtre sous terre.

Ordinairement la cristallisation commence avec les premières chaleurs, au milieu du printems, et s'achève au plus tard vers le milieu d'août. Alors l'écorce devient dure comme du marbre, et a quelquefois dix et même douze pouces d'épaisseur. On la fend avec des haches, et on la pile ensuite de la manière accoutumée. On porte le revenu annuel de cette saline, tous frais déduits, à cent mille piastres.

La troisième saline est celle de *Torre-vieja*, à cinq *leguas* de *Orichneia*, à-peu-près à mille six cents toises de la mer. C'est une assez grande lagune, toujours remplie d'eau pluviale, et où celle de mer se rend par le moyen d'un canal. La cristallisation s'y fait comme dans les deux dont nous venons de parler. On en porte par an le produit net à 80,000 piastres.

Ces trois salines fournissent du sel à

toute la province, et l'on en exporte en Arragon, en Hollande, en Dannemarck et à Gênes, etc. ; c'est surtout le sel des *Salinas de la Mata* qui est recherché, eu égard à sa force, à sa consistance et à sa finesse ; et sous ces rapports il mérite la préférence.

Relativement à cette saline et à celle de *Torrevieja*, on a pratiqué, pour faciliter les transports, certaines digues et de petits ports, entr'autres celui de *Guardamar*, dans le voisinage de la *Mata*.

Outre ces salines proprement dites, il ne faut pas oublier le rocher de sel de *Pinoso*, à trois *leguas* vers le Sud-Est de *Manovar*. Il est formé de masses solides de sel dur comme la pierre, tantôt blanches, tantôt rouges ou grisâtres. Il s'étend de l'Est au Sud, sans s'altérer en aucune manière, quoiqu'il soit plein de sillons et de crevasses.

Son sommet le plus haut s'élève environ de deux cents pieds ; on y a construit trois tourelles pour les gardes-côtes. Dans le voisinage de ces tourelles il y a six sources, dont deux, qui sont douces dans l'origine, s'imprégnent bientôt de parties salines et les déposent en cristaux sur les plantes et les pierres du rivage.

Le sel du *Pinoso* est extrêmement brut; c'est pourquoi les salines en fournissant en abondance, l'on en fait peu d'usage. Mais ce n'en est pas moins une singularité très-curieuse, de voir s'élever de terre un rocher aussi considérable de cette matière.

~~~~~~~~~~~~~~~

Pontanos.

Parmi les différens établissemens imaginés à Valence pour l'arrosement des terres, les plus remarquables sont les grands réservoirs d'eau, nommés *Pontanos*, qui se trouvent en plusieurs endroits, comme à *Alicante*, *Elda*, *Elche*, etc.

Un des plus grands *Pantanos* est celui d'*Alicante*. Il a une *legua* de circonférence, et n'est proprement qu'une gorge de montagne, formée par la nature, presque environnée de rochers calcaires, et bordée d'une haute muraille de forme elliptique.

Ce réservoir a, dans sa plus grande partie, une profondeur de vingt pieds, et quelquefois de cinquante ; il est alimenté par quantité de petits ruisseaux libres, qu'à cet effet on y a rassemblés des montagnes voisines.

Dans la vûe d'utiliser ces eaux pour l'arrosement, on a ménagé dans la muraille, au pied de l'un des rochers voisins, une ouverture dont la vanne peut se placer à volonté au niveau de l'eau, proportionnément à sa hauteur ; l'eau est conduite à cette ouverture par un canal pratiqué dans le rocher et qui aboutit au *Pontano*.

Le fil de l'eau qu'on obtient par ce moyen, se partage en quatre canaux qui, par quatre petites branches latérales, servent à arroser toute la *Huerta*. Tous les champs, etc., qui reçoivent de cette eau, paient une contribution considérable, dont le rapport annuel monte à huit mille piastres.

Cette somme devrait entrer dans la caisse royale ; mais ordinairement elle est accordée comme gratification à quelques grands seigneurs. Au reste, il est superflu de dire, que le *Pontano* est pourvu d'une écluse,

H 3

et peut être vidé à volonté pour le nettoyer de tems en tems.

De dessus quelques rochers voisins, un *Pontano* offre le coup-d'œil le plus pittoresque ; il ressemble à ces petits lacs, tels qu'on en trouve dans la Suisse. Il est couronné tout autour de hautes montagnes, couvertes d'arbres et de taillis. Sur le cristal des ondes les cieux réfléchissent leur azur qui s'y confond avec le plus beau vert.

Il y a des *Pontanos* plus petits, mais tout formés de la même manière à *Elda*, à *Elche*, à *Ontinient*, à *Villa-Joyosa*, et autres endroits ; mais le voyageur se gardera bien de les confondre avec des lagunes formées par la seule nature. Je n'oserais cependant pas affirmer que ces *Pontanos* soient tous établis d'après de bons principes hydrauliques; je pense plutôt qu'il serait permis d'en douter.

Esparto.

C'est un végétal dont les feuilles sont en forme d'alène, connu parmi les botanistes sous le nom de *Stipa tenacissima*; produit particulier des provinces méridionales d'Espagne, et qu'on cultive aussi à Valence sur toutes les hauteurs et montagnes incultes.

L'*esparto* est, pour toute la province, de la plus grande utilité. On en fait jusqu'à quarante-cinq espèces différentes d'ouvrages de natte et autres, dont le débit s'est peu-à-peu répandu dans toute l'Europe : les plus connus sont les cables de vaisseaux faits de cete matière, et qui sont très-recherchés par leur bon marché, leur durée et leur légèreté.

Un cable d'*esparto*, de 12—14 pouces d'épaisseur et 90—100 toises de longueur, se vend tout au plus trente piastres; il dure en général autant que deux autres de chanvre, et il a l'avantage de surnager toujours sur l'eau (1). La marine d'Espagne

(1) Propriété très-importante pour les bâtimens qui longent ces côtes à bas-fonds, et où fréquemment il se trouve des rescifs.

H 4

n'en emploie guère d'autres, et les Français ainsi que les Anglais ont toujours fait beaucoup de cas de ces cordages.

Quant aux autres tissus d'*esparto*, on en fait des papiers, des nattes, des dessus de table, des chaises, des sangles pour des lits, et autres objets pareils, qui sont propres, durables, et à très-bon marché. On a même essayé quelquefois, par exemple à *Elda*, d'en faire une espèce de pluche, et on a imaginé pour cela une machine exprès, au moyen de laquelle les filamens de cette matière se divisent et s'adoucissent sous les coups redoublés.

Ces ouvrages d'*esparto* forment, pour la majeure partie de la province, une excellente branche d'industrie. Dans ces contrées on n'entre dans aucune maison, surtout dans les campagnes, que l'on ne voie des ouvrages d'*esparto*, et les hommes même y consacrent leurs heures de loisir.

Ce travail est extrêmement aisé, et se paie un très-bon prix. Celui qui s'y emploie, peut en un jour faire une pièce large de 14 pouces, et de 27 à 28 aunes d'Allemagne, et gagner 6 à 8 réaux.

. Il est seulement à regretter qu'une matière aussi utile ne s'économise pas autant qu'elle le devrait, et qu'elle s'exporte souvent sans avoir été travaillée dans le pays. Les ouvriers industrieux en manquent souvent et en certains lieux on s'en sert pour se chauffer ou pour engraisser les terres. Les fabriques d'*Elda* sont souvent oisives faute de s'en pouvoir procurer (1), tandis qu'on en trouve tant qu'on veut dans les ports étrangers. Il est facile au lecteur de tirer de là des conséquences qui ne sont pas à l'avantage du gouvernement.

On confond souvent avec l'*esparto* une autre plante appelée *junco*; ce sont des joncs qui croissent dans un sol humide (2). C'est de ce végétal que se fabriquent les

---

(1) Autrefois les habitans y gagnaient, par semaine, près de 500 piastres; tandis qu'à présent ils en fabriquent à peine pour 60. C'est de même à *Millares*, *Betera*, *Aetana*, *Crevillent*, *Adraneta*, *Liria*, etc., où le produit annuel a diminué de près de moitié.

(2) *Juncus effusus*, Linn.

nattes fines coloriées, ou *esteras finas* que l'on vend en Angleterre, en Hollande, en France et en Italie sous le nom de *tapis d'Espagne*. La fabrique principale de ces *esteras* est à *Crévillent*, où sont établis des métiers exprès (1).

Une pièce de dix-huit aunes d'Allemagne, d'une demi-aune de large, se vend vingt-cinq à trente réaux. Les habitans de *Crévillent* vont souvent eux-mêmes à Londres, à Paris et à Gênes, et une année dans l'autre, ils débitent de cette marchandise pour environ 40,000 piastres.

Gardes-côtes.

On sait que la côte ouverte et basse de Valence a été de tout tems exposée aux incursions des corsaires d'Alger, et qu'elle est très-favorable à la contrebande. Cela

---

(1) Les *Esteras finas* se fabriquent toutes sur le métier, au lieu qu'on se contente de tresser en nattes les autres à la main.

explique aisément l'origine et l'importance des gardes-côtes, qui font l'objet de
cet article.

Ceux qui dans l'origine n'étaient établis
que contre les Algériens, mais qui depuis
le traité de paix de 1785, fidellement observé depuis cette époque, sont devenus
presque inutiles, étaient distribués le long
de la côte, dans les tours d'observation
nommées *Atalayas*, dont l'origine remonte
au tems des Maures.

C'est là qu'on signalait tous les bâtimens
qui paraissaient sur l'Océan, et au moindre
soupçon on en donnait avis aux habitans
du pays ; le jour avec des pavillons, et la
nuit avec des feux ou des coups de canon.
Par ce moyen toute la côte était sur pied
au moindre évènement.

Si par-là on ne réussissait pas à effrayer
les corsaires, on garnissait le rivage de
troupes ; on alumait de grands feux ; on
faisait sauter quelques petites mines, et
par ces précautions on empêchait souvent
les descentes des écumeurs barbaresques.
A la faveur de la nuit il arrivait assez
souvent aux Algériens de descendre sans

bruit sur la côte et de piller plusieurs bourgades, dont on enlevait les malheureux
habitans.

Depuis que par la convention de 1785 il a
été remédié à ces incursions, on ne se sert
presque plus de ces gardes – côtes qu'en
tems de guerre, contre les armateurs français et anglais, ou contre les pirates qui
se servent de leurs pavillons.

On a empêché de cette manière plus
d'une descente dans la dernière guerre,
quoique plusieurs ne fussent au fond que
des menaces et des bravades.

Ces gardes–côtes semblent avoir plus
d'inexactitude, ou pour mieux dire, d'in-
dulgence, vis - à - vis les contrebandiers,
dont le commerce lucratif consiste principalement en tabac, en toiles de côton et
en bijouteries. En vain les commis de
la douane multiplient leurs sentinelles,
et leurs bateaux-armés ; les contrebandiers
savent toujours les tromper, et plus souvent encore trouvent moyen de les cor-
rompre, et d'amener à terre des cargaisons toutes entières dans leurs petits
bateaux.

En général les Français, les Anglais et les Ragusains, mais surtout les deux premières nations, se prêtent à cette contrebande autant qu'il est en eux. La guerre, loin d'y mettre obstacle, ne fait qu'augmenter le profit et l'activité réciproque.

C'est ainsi, par exemple, que dans la dernière guerre il se faisait un commerce très-actif de contrebande du côté de Minorque, principal dépôt des marchandises anglaises de toute espèce, avec les côtes de Valence et de Catalogne ; et même en tems de paix il entre tous les ans, des ports voisins de France dans l'Espagne méridionale, une foule d'articles prohibés.

Les Ragusains surtout y font entrer une multitude de marchandises du Levant, grevées de droits considérables ; ce qui fait sortir du pays un grand nombre de piastres.

Tant que l'industrie espagnole sera aussi languissante qu'elle l'est actuellement, toutes les mesures du gouvernement pour empêcher la contrebande, seront infructueuses. Ces abus ne dépendent pas du hasard autant qu'on se le figure ; ils tiennent essentiellement à la constitution et à l'ensemble du corps social qui aurait besoin d'une cure radicale.

~~~~~~~~~~~~~~~

Montagnes.

Les montagnes de Valence offrent une multitude de ramifications d'une nature homogène, qui s'étendent dans la partie septentrionale du Nord au Midi, dans la partie de l'Ouest, du Sud-Est au Nord-Est, et dans la partie méridionale de l'Ouest à l'Est. Parmi ces derniers, quelques-unes se prolongent vers la côte, où elles forment le *Cabo San Antonio de la Nao*, et le *Cabo Toig*.

Les pointes les plus hautes de toutes ces files de montagnes sont dans la partie méridionale de l'*Aytana* et de *Mariola*, et dans la partie boréale de la *Pennaglosa*. D'après une évaluation aproximative assez juste, elles peuvent être élevées au dessus du niveau de la mer, d'à-peu-près 100 toises. Au reste on a observé que toutes ces montagnes ont leur pente du Nord-Est plus douce et plus basse, au lieu que celle qui est au Sud-Est est plus escarpée et plus haute.

Quant à la nature de ces montagnes, elles sont presque toutes calcaires. Leur sol est entre-mêlé de couches de coquillages. Ces bancs ou couches sont quelquefois de l'épaisseur de 12 à 14 pieds, et les coquilles qu'on y trouve toujours par familles, conservent souvent leur éclat naturel et toute leur forme primitive.

C'est ainsi, par exemple, que sur le *Monte Meca*, entre *Almansa* et *Ayora*, des couches calcaires très-épaisses alternent avec des bancs encore plus épais de pectinites, et sur le sommet de la *Pennaglosa*, ainsi que sur les montagnes de *Cervera*, on trouve des amas de buccinites parfaitement bien conservés.

Sur les montagnes de *Pego* on voit souvent des pierres avec des empreintes de poissons, et les pics du *Aras de Alpuente* ont des couches calcaires sur lesquelles reposent des bancs d'ostracites remplis de marbre.

Toutes ces pétrifications ne sont pas, il est vrai, également parfaites sur toutes les montagnes, mais leur gissement semble

être par-tout le même. Au reste on découvre dáns les pierres calcaires des veines
de spath et d'ocre dur, de différentes couleurs.

Outré les montagnes calcaires ordinaires,
on trouve de même plusieurs montagnes
de craie et de grès, surtout dans les contrées septentrionales de la province, lesquelles sont entre-mêlées de montagnes de
marbre, où se trouvent des pierres calcaires. Les bancs de montagnes de grès,
sont plus inclinés vers l'horizon que ceux
de pierre calcaire, et leurs couches sont
remplies de quartz et de spath.

Quant aux métaux que contiennent
toutes ces montagnes, on y trouve du fer,
du cuivre, du plomb, de l'argent vif, etc.
Il y a aussi des mines de cobalt, des carrières d'albâtre et quantité de beaux cristaux de quartz, dont nous parlerons dans
un article particulier de cet ouvrage (1).

La partie la plus basse de ces montagnes
présente encore au botaniste une multitude

(1) Voyez l'article : *Observations minéralogiques.*

de

de plantes très-belles et en partie très-rares.
On y trouve, par exemple, le narcisse à
grandes fleurs (*Narcissus bulbocodium*) et
un grand nombre de ses variétés, plusieurs
sortes de belles marguerites, surtout de
celles en forme de couronne et formant
un arbuste (*Chrysanthemum coronarium*
et *Chrysanthemum frutescens*), plusieurs
variétés des germandrées (*Teucrium montanum*), et autres.

Fêtes sur l'eau.

Nous avons parlé du système d'arrosement établi dans la province de Valence,
du soin qu'on y apporte et des frais considérables que ces arrosemens exigent. Si
l'on veut voir réuni sur un seul point tout
ce qui concerne cet objet, il faut aller dans
la bourgade riante et industrieuse de *Crevillent*.

Là les travaux hydrauliques sont ce que
sont dans les villes de montagnes les travaux des mines, et on les suit avec une ar-

I

deur et un succès véritablement admirables.
Par-tout on y voit des *Norias*, des citernes,
des aqueducs, des canaux; par-tout on
entend parler d'eau, on ne s'occupe que
d'eau; par-tout on voit cet élément fécon-
dateur abondamment partagé dans les campagnes et dans les jardins. Toute l'activité,
toute la masse des idées, toute l'économie
domestique des habitans de *Crevillent* ne
semblent avoir pour objet que l'eau et les
richesses qu'elle produit.

C'est cette même industrie et l'intérêt
qu'on y apporte, qui a donné lieu aussi à
ces fêtes que l'on nomme *fêtes d'eau*; elles
se répètent plusieurs fois l'année à *Crevillent*. Elles ont lieu ordinairement à
l'occasion de la découverte de quelque
source, et se distinguent de toutes les
autres par des emblêmes et des symboles
ingénieux.

La source est découverte, le canal est
achevé, l'aqueduc est construit; arrive enfin le jour de l'inauguration solemnelle (1).
Les habitans, revêtus de leurs plus beaux

_____

(1) Ordinairement on choisit pour cela le dimanche.

habits, s'avancent vers la, source, en jetant des cris d'alégresse. Ils arrivent ; ils se
rangent en ordre le long du petit canal,
ayant l'Alcade à leur tête pour procéder
aux solemnités d'usage.

La source est bouchée moyennant une
faible digue, et tout le pourtour est orné
de guirlandes et de feuillages.

L'Alcade donne un nom à la source,
détermine ses limites, et en dresse le pro-
cès-verbal.

Aussitôt on hisse un pavillon, et au
même instant le filet d'eau jaillit en mur-
murant de la source dans le canal. Tout
retentit à l'entour de cris de joie et de
triomphe ; on entend les trompettes, les
tymbales et le canon ; ce bruit différent
se confond, et produit un tintamare qui
n'a pas besoin de description.

Dès que l'eau entre dans le canal, les
habitans s'empressent à l'envi d'accourir
avec des chapeaux, des coupes, des verres
et des pots. C'est à qui puisera le premier
de cette eau ; chacun s'en promet un avantage particulier. Les vieillards en arrosent
leurs yeux défaillans ; les filles la prennent

comme un cosmétique ; les femmes en boivent pour redoubler leur fécondité, et les jeunes gens la regardent comme une boisson salutaire et bienfaisante. En un mot, c'est une presse et une lutte générale, et vous vous imaginez bien que mille espiégleries naissent de cette foule bruyante et tumultueuse.

La journée se passe ainsi dans la joie, les plaisirs et les jeux ; ensuite on retourne chez soi comme en triomphe, et l'esprit qui manque à l'eau est suppléé par un excellent vin muscat.

Antiquités de Hifac.

Parmi les restes de l'ancienne magnificence romaine, qui se trouvent en assez grand nombre dans la province de Valence, les ruines des *villas* découvertes entre *Hifac* et *Calpe* ne sont pas les moins remarquables.

Ces constructions furent découvertes, l'an 1792, par le célèbre *Cavanilles*. Elles consistent en six pièces de plain-pied en très-mauvais état, avec des pavés en mosaïque dont le dessin en général, parfaitement conservé, n'offre rien de très-intéressant.

On voit, par exemple, sur un de ces compartimens, trente-six petits carrés noirs sur un fond blanc, environnés de triangles, dont les faces reposent sur les côtes des carrés ; sur un autre on ne distingue que des carrés noirs et blancs, séparés entr'eux par des filets étroits, et entourés d'autres filets doubles.

On voit sur le troisième, également d'un fond noir et blanc, un sep de vigne sortant d'un vase, auprès duquel sont deux figures humaines ailées, et sur les autres la répétition des mêmes dessins, avec quelques légers changemens en certains endroits.

Ces fouilles ne vont guère qu'à trente-cinq pieds du Nord au Sud, et de vingt-sept de l'Est à l'Ouest. Au reste ces ruines, où l'on a trouvé quelques petites monnaies du tems de Néron, méritent peu l'attention des archéologues, si ce n'est de ceux qui y attachent un intérêt local.

I 3

Quelques plantes rares , telles que la *Frankenia* et *Passerina hirsuta* , la belle *Ulva Pavonia* et *intestinalis* , et la *Subularia acetabulum* , etc. qui se trouvent en abondance sur cette côte , offrent peut-être plus d'importance aux yeux des botanistes.

~~~~~~~~~~

Vins.

La province de Valence produit un grand nombre d'excellens vins, parmi lesquels ceux d'*Alicante* et de *Benicarlo* sont depuis longtems renommés chez l'étranger.

On distingue pour les vins d'*Alicante* cinq différens plants, savoir le vin de *Muscatelle*, de *Forcallade*, *Blanquet*, *Parrell* et *Monastell*. Le véritable vin d'*Alicante* ne se tire proprement que du Muscatelle ; mais souvent on y emploie aussi des raisins de qualité inférieure. Le vin de Malvoisie se tire du Muscatelle, du *Forcallado* et du *Blanquet*, et il est de différente qualité, selon les différens mélanges.

Quant au vin de *Benicarlo*, il faut distinguer le plus proprement dit de *Benicarlo*, et les vins qu'on exporte sous ce nom de *Murviedro*, de *Pinaroz*, etc. qui sont d'une qualité un peu inférieure.

L'exportation des vins d'*Alicante* et de *Benicarlo* est très-considérable. On l'évalue année commune à trois mille cinq cents pièces (1), d'environ 100, 115 et 170 Pesos. Les vins d'*Alicante* sont connus pour leur goût agréable, et leur vertu stomachique, ainsi que ceux de *Benicarlo* pour leur force; et ce sont de ces derniers surtout dont on se sert pour couper les vins français qui sont plus légers. On les envoie souvent en Amérique et ailleurs sous le nom de vins de *Chedao*, etc.

Les vins de *Valence* ordinaires se consomment presque tous dans le pays; on s'en sert aussi pour faire de l'eau-de-vie; ils sont en général à très - bon compte. Un *Quartillo* de ce pays qu'on paie d'ordinaire en Allemagne un écu-(5 francs), se vend

_____

(1) De 100 *Cantaros*, ou 75 arrobes de la Castille. Le *Cantaro* contient 12 et demi *Quarts* d'Hambourg.

ici en détail cinq à six *Quartos* (1) , et à
peine quatre lorsqu'on les achète par *Cantaro*. Tous ces vins tiennent beaucoup de
celui d'*Alicante* , et sont estimés surtout à
cause d'une douceur qui leur est particulière.

Pour ce qui concerne l'eau-de-vie de
Valence, on en exporte beaucoup en France,
et elle sert à frelater celle du pays. Il en passe
aussi en contrebande une quantité considérable en Angleterre, par l'île de Guernesay ;
mais la plus grande partie va dans l'Amé-
que espagnole. Le *Cantaro* se vend , selon
sa force , au prix de 18 , 20 , 27 , 54 et
demi , et 36 réaux.

Il ne faut pas oublier l'*arrope*, espèce de
sirop qu'on tire du vin doux , et dont
on fait une grande quantité à *Benizanim*.
On emploie à cela une certaine portion de
vin doux , en y mêlant un douzième de
terre calcaire , et en faisant cuire le tout
une demi-heure à petit feu.

Lorsque la lie a coulé au fond , et que

---

(1) Quatre *Quartos* font , à - peu - près 9 Pennings
(deniers) de Saxe.

la masse s'est clarifiée, on la transvase, et
on la fait cuire encore deux ou trois heures
jusqu'à ce qu'elle prenne une parfaite consistance ; ce qu'on reconnait, lorsqu'en jetant
une goutte de ce sirop dans un verre d'eau,
elle tombe au fond, et remonte sur-le-
champ sans se mêler avec l'eau.

Alors on verse l'*arrope* dans des cruches
de grès, et on le conserve pour en faire
des confitures, et pour d'autres usages.

Quant aux *pasas* ou raisins secs, dont
il va chaque année au moins 28,000 quintaux dans l'étranger, les meilleurs se font
à *Benisa* et dans les contrées circonvoisines
avec des grapes de Muscatelle, ainsi qu'il
suit :

On fait une lessive avec des cendres de romarin, d'oléandre (1) et de *Thymelaea* (2),
dont on enlève un tiers qu'on remplace
avec de la chaux vive.

Alors on fait cuire les deux tiers de
cette lessive pour l'affaiblir dans un grand

---

(1) *Nerium oleander.*

(2) *Daphne Gnidium.*

chaudron , où l'on met enfin les grapes renfermées dans une casserolle , percée en forme de passoire. Quand elles y sont restées quelques minutes , on les examine pour voir dans quel état elles se trouvent.

Si elles sont encore vertes, on y ajoute un peu de lessive plus forte; si au contraire elles sont devenues roides et cassantes, on affaiblit encore davantage la lessive, et l'on répète ces essais, jusqu'à ce que l'on soit parvenu à donner à la lessive le degré de force qui lui convient.

Dès que les grapes ont été suffisamment échaudées, on les porte au lieu destiné pour les sécher : d'ordinaire on choisit à cet effet des rochers nus, où l'on étend les grapes sur des lits d'artémise des champs; et on les retourne tous les trois ou quatre jours, jusqu'à ce que la chaleur du soleil en ait chassé toute l'humidité.

Voilà la manière dont on utilise les vignes à Valence, où les vendanges donnent lieu aux plus belles fêtes qu'on puisse voir dans le Midi.

Consolante gaîté ! don précieux de la nature! où est l'homme qui ne succomberait sous le poids de la vie, si le ciel ne semait par-tout sur nos pas cette puissante compensation!

~~~~~~~~~~~~~~~~~~~

Amandiers.

On distingue plusieurs sortes d'amandes: les *Pastanneta*, *Bale*, *Blancal*, *Mollar*, *Communa* et *Amarga*.

Les amandes *Pastanneta* ont une forme ovale plus prononcée que toutes les autres. L'arbre résiste moins au froid, mais croît à la hauteur de vingt jusqu'à vingt-cinq pieds. Les amandes *Bale* sont plus douces et plus grosses; mais les arbres qui les portent sont plus petits et les fleurs plus blanches. Les amandes *Blancal* sont grosses, mais de mauvaise qualité; l'arbre est d'un port élevé, et ses fleurs de la plus belle blancheur.

Les amandes *Mollar* sont connues par la mollesse de leur écorce. La plante fleurit plus tard que les autres espèces. Les amandes *Communa* et *Amarga* sont petites et

n'ont rien de remarquable que leur goût.
L'amandier *Amarga* semble être la plante
primitive : on le juge ainsi, parce que toutes
les autres qui proviennent de noyaux, dégénèrent en cette dernière espèce.

L'amandier croît parfaitement bien dans
un sol légèrement calcaire ou plâtreux, et
il vit jusqu'à soixante ans. On le plante
en noyau, puis on le greffe à la fin de la
seconde année, et à quatre ans on le transplante au lieu qui lui est destiné (1). On
peut encore le greffer de nouveau ; mais
alors il est plus tardif à porter son fruit.

Il est très-ordinaire en cette contrée de
border les champs d'amandiers. Ces arbres,
au mois de février, présentent un aspect
très-pompeux. Rien de plus enchanteur
que cette longue file d'arbres couronnés
de fleurs brillantes, dont la teinte couleur
de rose contraste agréablement sur l'azur
du ciel, avec lequel elle se fond.

Il est seulement à regretter que cet arbre soit si délicat. Une seule journée un

_____

(1) Cela doit se faire en décembre, où la sève
commence à remonter dans l'arbre.

peu rigoureuse est capable de lui donner la mort ; ce qui arrive souvent surtout dans la partie septentrionale de cette province , où le climat n'est pas toujours aussi doux que sur les côtes.

Encore un mot sur les *amandes* proprement dites *de Valence* , qu'on trouve aussi en Allemagne chez tous les confiseurs. La livre coûte , sur les lieux , trois gros et demi (sept sols); et leur écorce offre encore une ressource pour le chauffage. De plus , un quintal de leurs cendres contient seize livres de potasse ; ce qui fait un objet qui mérite considération.

La Caverne de St. Martin.

Entre les deux promontoires de la côte la plus orientale de Valence , connus sous les noms de *Cabo San Martin* et de *Cabo de la Nau* (1) , on trouve une petite baie,

_____

(1) Parmi les habitans , le premier de ces promontoires porte le nom de *Cabo Prim y Negre*, et le second , par un quiproquo singulier , celui de *Cabo San Martin*.

assez profonde, environnée de rocs élevés et taillés en pic.

Au pied de ces rochers on voit une multitude de cavernes de diverses grandeurs, dont la plus vaste, nommée *Cueva de San Martin*, mérite le plus d'attention. Pour la visiter on peut se procurer, dans le hameau voisin, un bateau de pêcheurs avec deux ou trois rameurs, à chacun desquels on donne quinze réaux.

Dès que l'on a doublé le cap, on a devant soi la grande caverne, formée de pierre calcaire, entremêlée d'albâtre. Elle est surmontée de rochers impraticables, entrecoupés de mille et mille crevasses. Son diamètre est de deux cents pieds; sa plus grande ouverture va jusqu'à deux cent cinquante pieds, et sa profondeur, à près de trois cent soixante.

L'intérieur de la caverne offre un aspect très-curieux. Des stalactites verts, blancs et bleuâtres descendent de son plafond; le côté du Nord en offre des masses entières, semblables à de.petites cascades congelées par le froid. Le sol, qui ordinairement est inondé par la haute-marée, est couvert de blocs immenses détachés des rochers.

Au reste, cette caverne sert d'asile et d'habitation à une multitude de colombes sauvages, et fournit aussi beaucoup de facilité pour la pêche ; ce qui fait que, dans les mois d'été, on y trouve souvent des compagnies nombreuses d'amateurs de cet exercice.

Mais indépendamment du plaisir et de la curiosité, le botaniste surtout n'ira pas sans fruit visiter cette caverne. Il y trouvera les plantes les plus rares et les plus belles dans la classe des algues. Le moindre espace, le plus petit coin de rocher garni de terre végétale en est tapissé.

Huile.

L'huile ordinaire de Valence n'est pas de la meilleure qualité ; elle est même très-inférieure à celle de la Pouille et de la Provence. On en donne les raisons suivantes.

D'abord les oliviers se cultivent avec peu de soin et d'une manière vicieuse. La plus grande partie des cultivateurs s'en tiennent obstinément à leurs préjugés, malgré l'avantage des primes que la *Société patriotique* a établi à cet égard.

En second lieu on cueille les olives beaucoup trop tard, et sans observer les précautions nécessaires ; de manière qu'elles sont souvent déja tachées et presque en putridité.

Enfin, on les porte au pressoir sans séparer les bonnes des mauvaises ; abus d'ailleurs irrémédiable, vu l'institution et le droit oppresssif des moulins banaux et privilégiés.

Toutes ces circonstances réunies expliquent pourquoi l'huile de Valence est de si mauvaise qualité. A en juger d'après quelques essais qui ont très-bien réussi, il ne paraît pas douteux, qu'avec une meilleure méthode de culture, cette huile ne pût s'améliorer et égaler celle de Provence. Mais, quelle que soit sa qualité, l'huile de cette province n'a pas laissé jusqu'ici d'être un article de commerce très-lucratif.

Elle

Elle est très-recherchée, précisément à cause de son âcreté (1), par les fabricans de savon de Marseille, et on en exporte jusqu'à quatre-vingts et cent mille quintaux (à 8 ½ piastres).

Comme une chose de pure curiosité, nous observerons ici que, dans plusieurs contrées de la province de Valence, par exemple près de *Villafames*, on trouve trois à quatre cents oliviers qui datent de plusieurs siècles, et remontent aux tems des Maures. La plupart peuvent tenir à l'abri, sous leurs branches, jusqu'à douze ou quinze personnes.

Voleurs d'eau.

J'ignore si, dans les dissertations du profond *Lipenius*, on trouvera des éclaircissemens sur ce qui concerne cette espèce

---

(1) Elle semble tenir au sol. Aussi prétend-on que cette âcreté donne à l'huile de Valence une qualité commune, singulièrement purgative.

K.

de voleurs ; mais , ce qu'il y a de certain , c'est que par-tout sur ces côtes , et à Valence même , ils forment une classe très-réelle , et que l'eau s'y vole effrontément , soit pour la boisson , soit pour en arroser les champs.

On ne s'étonnera pas de cet odieux brigandage , si l'on se rappelle ce que nous avons dit ci-dessus touchant le systême des canaux établis dans cette province , les moyens dispendieux de l'arrosement et les impositions considérables qu'ils entraînent. Moyennant cette répartition systématique, l'eau monte dans quelques endroits à un prix énorme , et souvent bien au dessus de celui du vin. Alors cet objet devient susceptible de tenter la cupidité naturelle au cœur humain.

Ainsi donc , affligé de la sécheresse qui brûle et fait dépérir son petit patrimoine , le voleur industrieux s'avance furtivement vers le canal voisin , à la faveur de la nuit et du silence , chargé de seaux et de calebasses.

Le cœur serré de crainte , il franchit la hauteur escarpée pour arriver à la source.

Là, d'une main tremblante, il remplit ses vases; puis, courbé sous ce fardeau, il retourne rapidement vers sa chaumière rejoindre son épouse, qui l'attend dans les tourmens de l'inquiétude et de l'angoisse.

Enfin il a eu le bonheur d'échapper à l'œil vigilant du *garde-source* endormi, et sa petite citerne est approvisionnée pour quelques jours d'une eau précieuse et qui ne lui a rien coûté.

Une autre fois il se blottit adroitement au milieu des broussailles qui bordent le *Pontano*; et s'il réussit à faire communiquer, sans être vu, des tuyaux de liège avec le canal, voilà l'onde bienfaisante qui rigole agréablement dans des tonneaux qu'il a su placer plus bas.

Cette manœuvre plus dangereuse suppose quelque intelligence avec le guet; mais le voleur, qui sait calculer à merveille, fait volontiers le sacrifice de quelques piastres qui doivent lui produire le centuple.

Enhardi par le succès, il se hasarde enfin à faire une saignée à un des petits canaux secondaires; alors toute l'industrie de sa

K 2

famille est occupée à conduire l'eau dans
une citerne de contrebande ; tandis qu'à
l'heure accoutumée le propriétaire attend
en vain l'arrosement , sur lequel il a droit
de compter.

Voilà quelles sont les ruses des voleurs
d'eau. On cherche , autant qu'il est possible , à s'en défendre en multipliant par-
tout des gardes que l'on paie généreuse-
ment. Lorsqu'on surprend quelqu'un sur le
fait , on lui inflige des peines très-sévères ;
mais le besoin et l'avidité commandent à
l'homme si impérieusement , qu'on n'a jamais pu encore parvenir à empêcher ces
usurpations ingénieuses sur la propriété
d'autrui.

Fabriques et Manufactures.

Ajoutons encore quelques courtes observations sur les manufactures du pays , afin
d'achever de peindre le caractère industrieux des Valenciens.

Nous avons déja parlé des fabriques de
poterie , de faïence , de porcelaine , ainsi

que de celles d'aloès, d'esparto, de junco, de *palmitos* et d'*alpargates* ; nous allons dire quelques mots en passant sur celles de savon, sur les verreries, les brasseries, l'eau-de-vie, la *Barilla*, les forges de fer et de cuivre, les fours à plâtre et à chaux, et les salines ; mais nous entrerons dans de plus grands détails relativement aux laines, aux toiles et à la soie.

Dans toute la province de Valence on travaille la laine, mais plus particulièrement dans les lieux où le climat est plus rude, le sol plus ingrat, et où cette branche d'industrie offre plus d'avantages. On trouve, par exemple, de ces manufactures en tout genre, à *Villafrunca*, *Vistabella*, *Enguera*, *Ontiniente*, *Concentayna*, *Banneres*, *Onil*, *Ibi*, *Monora*, etc.

Les plus considérables sont les fabriques d'*Alcoy*, celles de *Benifallim*, de *Bocayrent*, *Benisau* et *Benillota*, qui dépendent de ces premières. C'est là qu'on emploie en grande partie la laine du pays. Il en sort des draps qui valent au moins les draps de France de moyenne qualité.

On trouve des manufactures de toile à

K 3

la Mata, à *Vistabella*, *Adsaneta*, *Callosa*, *Mura*, *Bocayrent*, *Meliana*, *Cantes*, *Villareal*, *Olleria*, *Elda*, *Monora*, etc., où l'on fait une très-bonne toile de ménage, à 3—4 réaux l'aune d'Allemagne. Comme les campagnards valenciens ne portent guère que des habits de toile, le débit en est très-considérable. Pour alimenter ces fabriques, on cultive dans la province de Valence du chanvre et du lin en très-grande quantité.

Quant aux fabriques de soie, il y a dans la capitale près de 3,247 métiers; à *Gandia* près de 1,000, et dans les autres parties de la province, au moins 1,879. Il est malheureux qu'on soit encore aussi en arrière pour le devidage et les procédés pour retordre le fil ; autrement les fabriques y seraient bien plus florissantes qu'elles ne le sont.

On vante cependant les tafetas noirs et les damas à fleurs des fabricans valenciens, et l'on préfère leurs étoffes moirées à toutes les autres.

On compte que les manufactures de soie occupent, dans la seule ville de Valence,

près de 25,000 personnes. Les ouvriers qui
y travaillent, sont, ainsi que ceux de toutes
les autres manufactures de ce pays, exempts
de milices, même extraordinaires.

~~~~~~~~~~~~~~~~

Trovadores.

L'Espagne aussi a ses improvisateurs,
qui ne le cèdent à ceux d'Italie, ni en
talent ni en célébrité. On en trouve beaucoup en Biscaye, moins dans les Castilles,
pays sauvage et peu poétique, en plus grand
nombre dans l'Estremadure, dans l'Andalousie et les autres provinces méridionales;
mais le pays où ils abondent plus que nulle-
part, c'est à Valence.

C'est dans cette contrée où depuis les
anciens rapports avec la Provence, s'est
conservé et perpétué ce génie naturel pour
la poésie et la musique, qui probablement
ne s'éteindra jamais sous ce ciel enchanteur et dans ces vallées romantiques.

Dans la première *Venta* ou *Posada*, où
l'on entre à la chûte du jour, on ne man
que jamais d'y rencontrer un *Trovador*,

K 4

muni de sa harpe ou de sa guitarre, qui vous régale d'une multitude de ballades, que tout le monde connaît, ou qu'il compose lui-même sur-le-champ, d'après le thème que vous lui donnez, en quelque genre que ce soit.

Les ballades érotiques sont les plus en vogue, et par conséquent ce sont celles qu'on leur demande le plus souvent. Ces chants peignent les mystères de l'amour avec une chaleur, une surabondance de sensibilité, qui monte souvent l'imagination de l'auditeur jusqu'aux attitudes voluptueuses du *Volero*, si ce n'est à des situations plus délicieuses encore.

Au reste, toutes ces ballades sont composées dans l'idiôme valencien qui s'entend très-aisément, pour peu qu'on sache le provençal ou l'italien.

Le talent de ces improvisateurs brille surtout dans les petites chansons appelées *decimas*, lesquelles offrent de petits tableaux poétiques, renfermés dans des strophes de dix rimes. Un des auditeurs donne le dernier vers au *Trovador*, qui aussitôt compose les neuf autres, dont le sens, la rime , et la cadence doivent répondre à l'idée qu'on vient de lui donner, et la rendre en tout point.

Quoique ces *decimas* n'offrent d'ordinaire que d'élégantes répétitions , cependant elles ne manquent pas d'intérêt et d'harmonie , et elles sont quelquefois excellentes sous plusieurs rapports.

Les *Trovadores* ont dans le pays toute la considération qu'ils méritent par leur talent. En outre la plupart se chargent d'inviter aux mariages , d'écrire pour le public, et en général ils se distinguent du reste des hommes par une vie libre , insouciante et sujette à tous les écarts d'une imagination poétique.

Les Maures en Espagne.

Après avoir si souvent parlé des anciens Maures dans cet ouvrage , nous croyons à propos de donner ici un abrégé chronologique des faits principaux relatifs à leur établissement en Espagne , en y ajoutant quelques observations historiques sur ces peuples , dont la domination et le siège principal étaient à Valence.

On pourrait composer à cet égard une histoire complète qui serait d'un très-grand intérêt (1) , et qui comprendrait à-peu-près les objets suivans :

1. La première origine de ces nomades, originaires d'Afrique , est incertaine. Leur histoire se perd avec celle du Nord de cette contrée sous les Carthaginois, les Romains , etc. Elle ne commence à devenir importante qu'après le mélange des Maures avec les Arabes , vers le milieu du septième siècle de l'ère chrétienne.

2. Premières conquêtes des Maures en Espagne sous leurs malheureux chefs *Musa*

(1) L'auteur de ce tableau, en écrivant ces lignes, semble ignorer que nous possédons au sujet des Maures, des recherches très-intéressantes dans l'*Histoire de Maroc*, de *M. Louis de Chénier*, père du célèbre poëte. On peut consulter, à l'égard de cet ouvrage, la nouvelle édition des *Mémoires pour servir à l'histoire de notre Littérature*, par **M.** Palissot, à l'article : *Chénier*. (Note du traducteur.)

et *Tarif* (l'an 714). Fin de l'empire des Goths d'Occident. Bientôt toute l'Espagne méridionale, et même une partie de la Castille, est soumise à la domination des Maures.

3. Les provinces conquises se gouvernent par des Stathouders ou des vice-rois; soumis aux califes d'Arabie. Lorsque les *Abassides* s'emparèrent du trône (l'an 742) les Maures appelèrent en Espagne le dernier des *Omniades*, *Abd-lrahman*, et instituèrent un califat indépendant de celui de *Cordoue* (l'an 759).

4. L'histoire de ce califat n'offre, pendant trois siècles consécutifs, qu'une série continuelle de guerres et d'horreurs anarchiques. Enfin les gouverneurs des provinces principales se rendent indépendans (l'an 1038), et il en naît une foule de petits royaumes, dont les principaux sont ceux de *Saragosse*, de *Tolède* et de *Valence*.

5. Cependant les deux royaumes chrétiens, qui aussitôt après la conquête du pays se formèrent dans la partie du Nord-Est et du Nord-Ouest de l'Espagne,

ont acquis assez de forces pour attaquer les parties isolées de cet ensemble, jadis si redoutable. Déja le royaume de *Tolède* est arraché aux Maures, et tous les autres sont menacés du même sort (l'an 1082).

6. Pour mettre des bornes aux progrès des Chrétiens, les Maures aux abois appellent en Espagne une tribu sauvage de l'Arabie ; je veux dire les *Morabethuns* d'Afrique. Ceux-ci les aident à remporter la victoire célèbre de *Zelaka* près de *Badajoz* (l'an 1087); mais ils ne tardent pas à usurper la souveraineté du pays.

7. Les guerres entre les Maures et les Chrétiens se continuent avec des succès alternatifs, jusqu'à ce qu'elles se terminent enfin à l'avantage des derniers. Les Maures perde● *Saragosse* (l'an 1118), *Cordoue* (l'an 1146), *Almeria* et *Lisbonne* (l'an 1147), et appellent enfin de l'Afrique une autre tribu sauvage, savoir les *Almohades*.

8. Les puissances chrétiennes remportent près de *Toloza*, dans la *Sierra Morena* (l'an 1212, le 16 juillet), une victoire complète, qui leur donne une pré-

pondérance décisive. Les Maures perdent leurs provinces l'une après l'autre; par exemple *Merida* (l'an 1229), *Valence* (l'an 1238), etc.

9. *Mohamed Alhaman* entreprend de relever l'empire des Maures. Il fonde le royaume de *Grenade* (l'an 1236) pour en faire le point de ralliment de sa puissance. Mais la plupart des autres principautés, refusant de le reconnaître, et ayant sans cesse à combattre des ennemis intérieurs et extérieurs, il est contraint non-seulement de céder *Juen* à *Ferdinand III de Castille*, mais encore de lui rendre hommage comme à son seigneur suzerain (l'an 1245); dans le même tems les Chrétiens font la conquête de l'*Estremadure*, de *Murcie* et de *Séville*.

10. La lutte de ces deux puissances continue encore pendant deux siècles et demi, mais en général toujours avec l'affaiblissement sensible de la domination des Maures. Enfin le grand objet, disputé pendant quatre siècles, est obtenu. On fait la conquête de la *Grenade*, dernier asile des Maures, et on anéantit cette domi-

nation , qui avait duré pendant sept siècles.

11. Il fallait alors résoudre le grand problème qui consistait à changer des ennemis vaincus en sujets obéissans et paisibles. D'abord le gouvernement semble suivre les conseils d'une saine politique ; il traite les Maures avec douceur , et leur laisse entr'autres franchises , l'exercice plein et libre de leur religion. Mais bientôt le fanatisme l'emporte , et alors commence l'oppression religieuse qui n'est adoucie que dans les provinces de la couronne d'*Arragon* , sur les sages remontrances des états du pays (l'an 1499).

12. Par une suite inévitable de ces mesures oppressives, des révoltes se multiplient par-tout , et elles font verser des torrens de sang. Au lieu de revenir à des moyens de douceur , on rend des édits plus rigoureux encore (l'an 1568), et de tous côtés le fanatisme se développe dans toute son atrocité.

13. Le clergé espagnol obtient enfin (l'an 1609) de la faiblesse de *Philippe III*, un ordre pour l'expulsion totale des Maures.

On commence par la province de Valence, et l'Espagne, au grand préjudice de son agriculture et de ses fabriques, perd près de 600,000 habitans les plus industrieux, et dont le seul crime consistait à avoir un autre culte et un autre langage que celui de leurs maîtres.

14. C'est ici que finit l'histoire des Maures en Espagne; après cette époque ils se dispersent sur les côtes de l'Afrique septentrionale, et deviennent dès-lors les ennemis les plus irréconciliables des Espagnols.

On ne saurait disconvenir que ces évènemens ne nous offrent le tableau des plus grands phénomènes historiques : car au milieu de toutes les horreurs de l'anarchie, au milieu de tout ce que la guerre a de plus terrible, nous remarquons dans ce pays un luxe, et des lumières qu'on ne peut voir sans étonnement.

La période la plus brillante de la domination des Maures a été sans contredit le califat d'*Abdolrahman III* (depuis l'an 912 jusqu'à l'an 961). Alors cette nation possédait le Portugal, l'Andalousie, la Grenade, Murcie, Valence, et la plus grande partie de la Nouvelle-Castille. Les anciens historiens ne trouvent pas d'expressions pour nous peindre la population et l'état florissant des lettres dans ces provinces.

On comptait, par exemple, dans Cordoue, qui en était la capitale, au moins 400,000 habitans. Le long des rives du *Quadalquivir* il y avait au moins 12,000 villages; par-tout, même sur les montagnes les plus escarpées, on voyait les plus superbes plantations, qui alternaient avec les champs les mieux cultivés.

On portait les revenus des Califes à 12 millions et 45,000 *dinaris* d'or, ce qui fait 130 millions de livres tournois; sans y comprendre même les impôts en nature. Il faut ajouter le produit de l'exploitation des mines d'or et d'argent, que les Maures savaient parfaitement travailler; indépendamment des sommes immenses que rapportait le commerce qui se faisait avec l'Italie, la France et le Levant.

La suite nécessaire de ces richesses était un luxe presque incroyable, mais qui nous est

est confirmé par le témoignage des auteurs les plus dignes de foi. Par exemple, *Abdolrahman*, pour une de ses esclaves favorites, fit bâtir, dans le voisinage de Cordoue, une ville magnifique (1), où l'on voyait un palais de féerie; tout ce que la volupté la plus recherchée peut imaginer de plus raffiné, et ce que l'architecte le plus habile peut exécuter de plus surprenant, semblait réuni dans ce séjour enchanté.

Pour en donner quelque idée, nous dirons que le plafond du salon, où le Calife passait les soirées avec sa maîtresse, était incrusté des pierres les plus précieuses, enchâssées dans l'or et l'acier poli; les murs étaient de pierre d'outre-mer avec des arabesques en or, et dans le milieu s'élevait un bassin d'albâtre d'où, à l'éclat de mille bougies, jaillissait une fontaine brillante de mercure.

Les progrès des lettres, surtout dans la poésie, l'astronomie, la médecine, la chimie

---

(1) *Zehra*, aujourd'hui entièrement détruite.

L

et la géométrie, méritent encore davantage notre admiration : les Maures avaient
fondé à Cordoue des écoles fameuses, d'où
la science se répandait dans tout le reste
de l'empire ; et c'est de cette même nation
que sortirent, au douzième siècle, *Aben-
zoar* et *Averroës*, dont les noms réfléchissent
une gloire immortelle.

Ce luxe et ces sciences se soutinrent encore, même au treizième siècle, lorsque
la puissance des Maures était déja chan-
celante, et que le siège de leur empire
était transporté en Grenade. On en a la
preuve dans les ruines de ce palais magnifique, connu sous le nom d'*Alhambra* ;
les nombreux manuscrits arabes, qu'on
conserve dans la bibliothèque de l'Escurial,
datent de cette époque.

Le palais *Alhambra* était situé sur une
colline charmante, d'où la vue plongeait
sur la ville de Grenade, et sur toute la superbe contrée d'alentour. Quoique l'extérieur n'offrît qu'un ensemble mal ordonné
et confus, le dedans réunissait une magnificence et un goût qui surpassaient encore
tout ce qu'on voyait à *Zehra*.

Si l'on veut connaître le luxe des rois maures, les détails de l'architecture arabe, et enfin le talent de cette nation, il suffit de visiter les ruines de ce palais, où l'on distingue par-tout la sensualité la plus recherchée et le génie des arts.

Il en est de même du palais *El Generalif*, dans le voisinage de celui dont nous venons de parler. En parcourant ces jardins, séjour ordinaire des rois maures, on est étonné de voir ces terrasses bâties l'une sur l'autre, en forme d'amphithéâtre, et ces bosquets de roses et de jasmins, où tout respire encore la volupté.

Les cyprès et les orangers antiques, sous lesquels se promenaient jadis les rois maures, sont encore debout. On admire les bassins de marbre, environnés de myrtes, où se baignaient les femmes du Harem. Mais depuis que ces beaux lieux sont déserts, on distingue presque les outrages successifs de chaque siècle : encore quelques périodes, et peut-être il ne restera plus aucun vestige de ces pompeuses magnificences.

Cependant les monumens de la science des

Maures et de leur poésie romantique dure-
ront plus longtems en Espagne. Le recueil
des manuscrits qui attestent leurs connaissances en géographie, en astronomie et en
médecine, est immense; c'est là qu'au milieu
des rêveries et des erreurs du tems on trouve
de grandes idées et des vérités importantes ;
mais rien n'approche de la richesse que l'Espagne possède en poésie maure, soit en ori-
ginaux, soit en traductions ou en imitations
que les Espagnols en ont faites, et dont,
pour en donner une idée au lecteur, nous
offrons un exemple, toutefois en retran-
chant quelques tautalogies, etc., avec l'imitation de M. Florian (1).

Il y règne un mélange bizarre, mais ingénieux de galanterie et de férocité, de
barbarie et de culture, qui mérite toute
l'attention du philosophe.

Qui croirait qu'au milieu de ces guerres
interminables et des dévastations qui en
étaient souvent le résultat, cette domination
fut cependant une des plus douces qui aient

_____

(1) Dans son *Précis historique sur les Maures*. Œu-
vres *Fl.*, Vol. I.

jamais pesé sur une nation subjuguée (1) ? Et comment expliquer qu'à une si mauvaise organisation politique, et au manque absolu de bonnes lois, on ait pu joindre tant de grandeur politique et un empire durable ?

La puissance des Maures est détruite en Espagne ; mais les traces de leurs conquêtes sont empreintes d'une manière ineffaçable dans le caractère du peuple qui les a remplacés. Mille formes morales rappellent le souvenir des ces anciens dominateurs ; et tout le génie espagnol semble naître de l'esprit oriental qui lui sert de base et de modèle.

---

(1) Les provinces conquises conservèrent leurs droits, leur langue, leurs dogmes, etc. On ne trouve ici aucun vestige d'intolérance ; le système féodal était inconnu aux Maures ; les anciennes impositions ne furent pas augmentées, etc.

L 3

GANZUL Y ZELINDA.

Romance Moro.

I.

En el tiempo que Zelinda,
Cerrò ayrada la ventana
A la disculpa, à los zelos,
Que el Moro Ganzul le daba:
Confusa y arrepentida,
De haberse fingido ayrada,
Por verle y desagraviarle,
El corazon se le abraza;
Que en el villano de amor,
Es muy cierta la mudanza etc.

II.

Y como supo, que el Moro
Rompiò furioso la lanza, etc.
Y que la librea verde
Avia trocado en leonada;
Sacò luego una marlota,
De tafetan roxo y plata,
Un bizarro capellar
Del tela de oro morada etc.

GANZUL ET ZELINDE.

Romance Maure.

I.

Dans un transport de jalousie,
Zelinde avait banni l'amant,
Qui la chérit plus que sa vie,
Et fut loin d'elle en gémissant.
Bientôt Zelinde mieux instruite,
Se reproche sa cruauté :
Comme un enfant l'amour s'irrite,
Et pleure de s'être irrité.

II.

On vient lui dire que le Maure,
En proie à ses vives douleurs,
En quittant l'objet qu'il adore ;
A changé ses tendres couleurs ;
Le vert, emblème d'espérance,
A fait place au triste souci,
Un crêpe est au fer de sa lance,
Son bras porte un écu noirci.

L 4

I I I.

Con un bonete , cubierto
De zaphires y esmeraldas ,
Que publican zelos muertos,
Y vivas las esperanzas,
Con una nevada toca ,
Que el color de la veleta ,
Tambien publica bonanza etc.

I V.

Informandose primero,
Adonde Ganzul estaba ;
A una casa de placer
Aquella tarde le llame ;
Y diziendole a Ganzul,
Que Zelinda le aguardava
Al page le preguntò ,
Tres veces, si se burlava etc.

V.

Viendose Moro con ella,
A penas los ojos alza.
Zelinda le asiò la mano,
Un poco roxa y turbada ;
Y al fin de infinitas quexas,
Que en talos pasos se pasan,
Vistio se las ricas presas,
Con las manos de su dama etc.

I I I.

Zelinde aussitôt est partie,
Lui portant d'autres ornemens,
Où le bien de la jalousie
Se mêle au pourpre des amans ;
Le blanc, symbole d'innocence,
Se distingue à chaque ruban ;
Le violet de la constance
Brille sur le riche turban.

I V.

En arrivant à la retraite
Où Ganzul attend son destin,
Zelinde, craintive, inquiète,
Se repose sous un jasmin ;
Elle envoie un fidelle page,
Chercher le malheureux amant ;
Ganzul croit à peine au message,
L'infortune rend méfiant.

V.

Il vole, il revoit son amante ;
L'amour, l'espoir trouble ses sens ;
Zelinde, interdite et tremblante,
Rougit en offrant ses présens.
Tous deux pleurent dans le silence,
Mais leur regard plein de douceur,
Rappelle et pardonne l'offense,
Dont a gémi leur tendre cœur

Les quatre Saisons.

Dans le Nord, la succession des saisons n'est proprement qu'une série de désagrémens ; dans le Midi, au contraire, chaque saison a sa beauté et ses charmes qui lui sont particuliers. Dans le Nord, l'année se passe dans la lutte alternative des élémens ; dans le Midi, leurs phénomènes se suivent d'un manière douce et intéressante. Mais nulle autre part cette vérité est aussi sensible qu'à Valence, où toute l'année n'offre qu'une suite et un enchaînement continuel de plaisirs.

Par-tout le mois de *janvier* est ordinairement le mois le plus froid et le plus désagréable. A Valence, on ne le remarque que par une diminution de chaleur, d'à-peu-près six degrés au dessus de zéro. Mais cela même ne peut s'entendre que pour la moitié du mois ; car, au 24, la température remonte au moins de dix degrés.

Aussitôt que *février* paraît, on voit par-tout les amandiers précoces se parer de leurs fleurs virginales et vermeilles ; tous les champs sont couverts de légumes printaniers. Le froment commence à montrer ses tiges verdoyantes, et les orangers à ouvrir leurs boutons naissans à côté de leurs fruits d'or.

Au mois de *mars*, toute la campagne en fleurs déploie les richesses du printems. La chaleur monte depuis douze degrés jusqu'à quatorze ; enfin, vers l'équinoxe la terre est arrosée légèrement par des pluies fécondatrices, et l'on prépare les champs destinés à recevoir les semailles d'été. Tous les amandiers et abricotiers sont déjà chargés de jeunes fruits, et les bleds d'hiver se montrent dans toute leur beauté.

Vers le milieu d'*avril*, le soleil commence à se faire sentir avec plus d'énergie ; mais la chaleur ne monte guère au delà de seize à dix-sept degrés. Il souffle quelquefois des vents du Nord, mais ils n'apportent avec eux qu'une agréable fraîcheur. On coupe déja les orges ; la nature s'embellit de plus en plus au moyen de l'arrosement, chaque jour voit paraître de nouveaux fruits.

Cela dure jusques vers le milieu de *mai*, où commencent les chaleurs de l'été, qui montent depuis dix-huit jusqu'à vingt degrés. Une foule des plus belles plantes de l'Amérique méridionale fleurissent dans toute leur magnificence ; et à dater de cette époque, on fauche les prés tous les huit jours.

Au mois de *juin*, la force du soleil, l'activité de la nature et la richesse de la végétation sont au plus haut degré. La récolte du froment est commencée ; déjà l'on a cueilli les fruits méridionaux ; les vignes offrent des grapes presque mûres, et les champs sont couverts de moissons dorées.

Les mois de *juillet* et d'*août* continuent avec la même chaleur, et avec des changemens presque insensibles sur le baromètre. Les brises et les orages fréquens, mais passagers, rafraîchissent l'air et augmentent la fécondité. Les champs fauchés sont déja cultivés de nouveau, et presque tous les fruits de l'automne sont parvenus à leur parfaite maturité.

Au milieu de *septembre*, vers l'équinoxe, la chaleur commence à souffrir des variations ; il tombe un peu de pluie, et l'air

reprend la température d'un second printems. On achève la vendange, la récolte
des olives, des carroubes, et les terres sont
ensemencées pour l'hiver.

Le mois d'*octobre* offre les mêmes charmes et les mêmes occupations. Ces beaux
jours se prolongent jusqu'au milieu de *no-*
vembre, et retracent l'automne d'Italie. Le
vent du Nord-Ouest est très-rare et apporte
même très-peu de changement à la température. La nature présente un aspect délicieux ; la verdure a pris une teinte un peu
plus foncée, mais la mer et le ciel étalent
la même magnificence et le même éclat.

Décembre arrive, sans que le thermomètre
descende au delà de dix ou onze degrés. On
peut, à la fin même de ce mois, cueillir
des primevères, des violettes et des narcisses, et l'année finit par des fleurs ainsi
qu'elle a commencé.

Voilà quel est à Valence le cours gra-
cieux des saisons ! C'est une succession continuelle de charmes et une nature toujours
jeune et florissante. Certes, ce n'est pas
sans raison que les Maures placèrent le
paradis sous cet heureux ciel, à l'exemple

des Grecs, à qui ces rivages fortunés rappelaient la belle Hespérie.

~~~~~~~~~~~~~~~~~~~~

Alicante.

Alicante est situé à l'extrémité d'une vallée qui aboutit à la mer, au moyen d'une petite baie où s'avancent deux promontoires, formés en partie par la plaine et en partie par la pente du mont *St. Julien*. Les rues sont irrégulières, et en général sa position topographique ne mérite aucune attention. On fait monter sa population à environ 19 à 20,000 ames; la ville est très-active et très-commerçante.

Alicante a un Hôtel-Dieu très-bien administré, une École militaire et une Académie pour la navigation, fondée en 1798. Eu égard au grand nombre d'étrangers qui s'y sont domiciliés, cette ville offre, sous tous les rapports, un séjour très-agréable; mais l'eau n'y est pas la meilleure possible, et les vivres toujours à très-haut prix.

Quant à son commerce, nous en parlerons lorsque nous en serons à l'article qui regarde cette matière. Nous allons nous étendre sur la description de la *Huerta* qui fournit à ses besoins.

Cette *Huerta d'Alicante*, qui commence à-peu-près une demi-heure avant qu'on arrive à la ville, peut avoir, du Levant au Couchant et du Nord au Midi, à-peu-près une *legua* et demie. C'est une vallée charmante, bordée de trois côtés de montagnes très-pittoresques; elle ne s'ouvre que du côté de la ville et de la mer.

Dans cette *Huerta* délicieuse on voit se confondre pêle-mêle et former un agréable mélange des vignes, des orangers et des figuiers, etc.; et ces mêmes campagnes réunir à la fois des bleds, des légumes de toute espèce et des prés artificiels. Cette *Huerta*, dont on porte la population à 12,000 ames, est parsémée d'une infinité de maisons de campagne, parmi lesquelles il s'en trouve de très-magnifiques, telles que celles du *Principe Pio*, *la Casa de Pelerin*, etc.

On peut juger par les données suivantes de la fertilité de cette vallée. Elle produit, année commune, 222,888 cantaros de vin, 4,000 livres de soie, 15,000 d'orge, 25,000 cahices de froment, 2,600 cahices de maïs, 4,000 d'amandes, 1,200 arrobes d'huile, 1,000 arrobes de chanvre, 9,000 arrobes de figues, 15,000 arrobes d'autres espèces de fruits, 16,000 arrobes de légumes, 104,000 arrobes de *Barilla* et 130,000 arrobes de carroubes.

Il faut attribuer cette étonnante richesse en partie à l'excellence et à la fertilité du sol, et en partie à l'arrosement qu'on tire du *Pontano*, et dont il a été parlé ci-dessus, et des deux puisards de *San Juan il Muchamiel*; enfin, à la situation de cette vallée absolument garantie contre tous les vents froids.

Dans les années rigoureuses de 1788, 1792 et de 1798, où presque tous les oliviers, les amandiers et les carroubiers gelèrent dans cette province, les *Huertas* d'*Alicante*, de *Gandia* et de *Valence* offraient de toute part leurs arbres en fleurs dans la pompe la plus magnifique du printems.

« Dans la *Huerta*, dit un voyageur d'assez ancienne date, la terre ne se repose jamais.

A

A peine a-t-elle fourni une récolte au cultivateur, qu'elle lui en présente une nouvelle. Par exemple, en septembre, on
sème l'orge pour le couper à la fin d'avril.
Puis on plante du maïs, pour le moissonner au commencement de septembre, et
aussitôt il est remplacé par les *Sandias*,
par les concombres et d'autres légumes. Il
en est de même du froment qu'on sème sur
la fin de novembre, et qu'on moissonne au
mois de juin.

On sème le lin en septembre ou au commencement d'octobre, pour le moissonner
en mai ou en août. Au reste, les concombres, les melons, les *Garbancos*, la luzerne,
la salade, les fruits à écosses se recueillent
toujours alternativement, et presque chaque semaine voit mûrir de nouvelles productions.

Il est fâcheux que tous les automnes,
il règne une espèce de fièvre épidémique
dans cette belle *Huerta*; il en faut attribuer la cause, non à l'abus des fruits, mais
aux exhalaisons nuisibles de l'*Abufera*, qui
est dans le voisinage.

Alors la mortalité est extraordinaire,

M

surtout par le défaut de médecins. On doit cependant espérer qu'après la paix, l'administration de cette province pensera enfin sérieusement à faire combler l'*Abufera*.

~~~~~~~~~~~~~~~

Exercices.

Malgré tout ce qu'on raconte de la paresse des habitans du Sud, elle semble cependant n'être au fond qu'une suite du mauvais gouvernement. Comment en effet concilier avec l'inertie ce penchant à l'activité la plus extrême, et cet amour pour les exercices violens, si commun dans les pays méridionaux ? Oui, chez ces peuples, tout annonce la vie et la gaîté. Tout, jusqu'à leurs divertissemens même, montre la force et la plus grande irritabilité.

Les habitans de Valence en sont un exemple. Malgré des travaux pénibles et continuels, ils se font un jeu des exercices les plus fatigans. Lorsque l'habitant du Nord reste dans l'immobilité, ou tout au plus s'abandonne à des mouvemens doux et paisibles, on voit ces peuples ardens et infatigables, se livrer par goût à la plus violente agitation.

Parmi ces exercices, le jeu du ballon (soit dans les places publiques, soit dans les lieux destinés à ce jeu) tient le premier rang ; et c'est celui qu'on préfère. On frotte d'huile ces ballons, qui ont huit à douze pouces de diamètre, l'on se sert, pour les lancer, d'un brassard en bois, avec des entailles. La dextérité de certains joueurs est surprenante ; et souvent on fait des paris très-considérables.

Un autre exercice fort en vogue est celui de la *fronde* ; les bergers qui s'en servent pour diriger leurs troupeaux, y sont singulièrement adroits. On se sert pour cela de pierres de marbre rondes et polies, et le but se place quelquefois à une distance de six à huit cents pieds. Les frondes sont faites d'*esparto*, et garnies en dedans d'un tissu de feuilles d'aloès ; elles ressemblent beaucoup à celles des anciens Baléares.

Les autres jeux sont la *course*, où l'on saute en même tems des fossés assez larges ; le *jet de perches*, espèce de jeu de boule,

M 2

où l'on se sert de masses de fer ; puis ce qu'ils nomment *Regata*, une espèce de joute qui a lieu dans les hameaux sur les bords de la mer, surtout à *Benidorm* ; enfin, *l'arbre de cocagne*, que l'on frotte jusqu'à la moitié de sa hauteur avec du savon ; cet exercice a lieu à la fête de Noël, dans presque tous les villages.

Je le répète, si l'on compare à ces exercices ceux des peuples du Nord, on se convaincra que le petit nombre de ceux auxquels ils se livrent, indiquent, pour la plupart, la paresse et l'engourdissement qui les énerve et les dégrade.

Sources minérales.

Valence a une quantité de sources minérales, entr'autres celles de *Tooa Altura*, d'*Aygues*, de *Monovar*, et de *Villavella*, qui sont les plus connues ; mais on n'a pas encore fait l'analyse chimique d'aucune de ces eaux. On s'en sert dans les maladies gastriques, dans les gourmes, etc.,

soit comme bains , soit comme boissons ;
et toujours avec beaucoup de succès ; mais
c'est surtout dans les deux derniers endroits
que l'affluence est extraordinaire ; quoiqu'on
y manque de toutes espèces de commodités,
et qu'on soit obligé d'y faire porter jusqu'aux meubles les plus communs.

Il n'en coûterait cependant que très-peu
de soins , et trois ou quatre mille piastres
suffiraient pour faire changer *Monovar* ou
Villavella en un second *Carlsbad.* Dans
ce séjour , où la nature et la douceur du
climat font tous les frais , les malades s'y
rendraient de toutes parts, pour y trouver
une guérison presque certaine.

Sans doute cela serait effectué depuis
longtems , si la noblesse espagnole en général , et celle de Valence en particulier
savaient mieux administrer leurs possessions,
et mettait du zèle à les améliorer. Mais, loin
de seconder l'industrie de leurs vassaux,
de l'encourager et de la diriger , les nobles
abandonnent leurs domaines, passent la
plus grande partie de leur tems à la cour.
Esclaves de l'ambition et dépendant de
leurs subordonnés , souvent au milieu de

M 3

leurs richesses aparantes, ils en sont aux expédiens pour une légère somme de cinquante piastres.

~~~~~~~~~~~~~~~~

Carreteros.

L'extrème population, la difficulté de défricher ou d'acquérir de nouvelles terres, et l'humeur vagabonde des Valenciens font que sur presque toutes les routes d'Espagne, on rencontre des *Carreteros* valenciens. Ils ont des charettes à deux roues, hautes, légères, la plupart couvertes de roseaux, et tapissées d'*esparto*, attelées de trois ou quatre, et quelquefois même de cinq mulets.

Ces bons *Carreteros* traversent toute la péninsule depuis Bayonne jusqu'à Cadix, et de Badajoz jusqu'à Perpignan. Dans toutes les *Posadas* ou *Ventas* où l'on arrive, on y trouve toujours de ces charetiers, avec leurs blouses blanches et leurs charettes bruyantes. C'est surtout en tems de guerre, lorsque le cabotage

se trouve arrêté par les armateurs ennemis, que le transport des marchandises,
par ces *Carreteros*, est très-actif et très-
vivant. Les étrangers, tels que les botanistes et les minéralogistes qui, par des
vues d'économie, veulent prendre ces voi-
tures, y trouvent beaucoup d'avantage; car,
pour douze piastres on peut faire un voyage
de cent *leguas*, y compris le port de sa
malle. On peut même faire un arrangement pour la nourriture; et à raison de
cinq réaux par jour, l'un portant l'autre, on
n'a plus à penser à rien à cet égard.

Sans doute il faut savoir se conformer
à la manière de ces gens-là; mais en récompense, on a sujet d'être content d'eux,
et l'on est parfaitement à son aise. On ap-
prend à connaître à fond les mœurs du
pays, et l'on s'épargne souvent bien des
contestations avec les *Posaderos*.

Ceci soit dit à la louange des *Carreteros*
de Valence! Excellente pâte de gens ser-
viables, naïfs et dignes du pinceau d'un
Yorik.

Chercheurs de trésors.

Parmi les différentes traditions qui ont survécu aux tems romantiques des Maures, les plus remarquables sont celles qui regardent les trésors cachés. On dit, par exemple, qu'à la dernière expulsion des Maures (en 1609), une foule de mines d'or avaient été comblées, et que des millions de monnaies d'or et d'argent avaient été enfouis de toute part.

C'est de ces trésors dont les Valenciens et surtout les montagnards s'entretiennent journellement avec le plus grand sérieux. Il n'est point de puits ou d'ancienne mine où, selon eux, il n'aparaisse de tems en tems une vierge voilée, un lutrin, un chevalier armé ; il n'est point de bocage d'oliviers, où l'on ne voie, soit un nain, avec une corne d'argent, soit une colombe, avec une clef d'or, etc.

. **Au** milieu des ténèbres, ils entendent souvent retentir, dans les crevasses d'une montagne, les marteaux des esprits mineurs ; dans tous les vieux donjons on fabrique des pièces d'argent, et au pied de quelque vieux carroubier, on a vu plus d'une fois descendre une pluie de feu.

D'après ces folles imaginations, on ne doit point s'étonner que dans la province de Valence on aille si souvent à la découverte des trésors. Les habitans des montagnes, surtout, y ont un penchant extrême. Quelque infructueuses cependant qu'aient été jusqu'à présent ces recherches, l'agriculture n'a pu que gagner à cette folie.

Combien, par-là, de petites terres n'ontelles pas été défrichées ! combien de belles sources découvertes ! Eh, qui aurait la cruauté de vouloir ravir à ces bons et simples habitans des montagnes, des illusions innocentes, qui les rendent si actifs et en même tems si heureux !

D'ailleurs, ces rêves fantastiques tiennent encore à la douceur et à l'aménité du climat de Valence. Là on ne s'occupe point d'images sombres et de fantômes effrayans du Nord ; tout s'y peint en beau ; tout s'y voit en couleur de rose ; tout offre l'aspect riant et consolateur du bonheur ou de l'espérance.

Beaterio.

C'est ainsi qu'on appelle, du mot *beatus*, un chapitre de filles près de *Liria*, d'où on a la vue enchanteresse d'une plaine délicieuse : cette maison a été fondée en faveur de quinze demoiselles, qui n'y sont admises qu'après trente ans. N'étant assujetties à aucune règle monastique ni à aucun supérieur religieux, elles y jouissent d'une liberté décente, et peuvent même, si elles le veulent, sortir du *Beaterio* pour se marier ; dans ce cas, l'établissement leur fait une dot honnête. Au reste, il se fait dans ce *Beaterio* un petit commerce de dentelles et de confitures, qui sont très-renommées.

Beaterio, nom céleste ! séjour charmant ! Combien je souhaiterais que dans ma patrie on fondât aussi de semblables établissemens de bienfaisance ! Combien, dans le sexe le plus faible, d'êtres malheureux, qui, sans parens, sans amis, sans fortune, et sans moyens d'existence, voient appro-

cher le terme où toutes les ressources manquent à la fois avec la jeunesse!

Quand leurs sentimens les plus doux sont
restés sans objet, quand leurs espérances sont
déçues ; quand, privées des droits et des
moyens d'acquérir, réservés presque exclusivement à l'homme, elles sont tyrannisées
par sa barbarie, et dépouillées même des
frêles avantages qu'elles peuvent appeler
les leurs ; alors elles restent seules dans le
mépris et abandonnées aux regrets, à la
douleur, au désespoir. Elles n'envisagent
plus que la mort pour terme de leurs
maux.

L'homme entre avec confiance dans sa
carrière ; il vit d'audace et d'activité. Toutes
les ressources lui sont ouvertes, et la société
entière s'empresse de favoriser ce seigneur privilégié de la création. La femme,
au contraire, née pour l'esclavage, se trouve
bornée à une existence obscure et domestique ; elle perd tout, quand elle a vu s'é-
vanouir la perspective fugitive d'un bonheur précaire et mélangé de mille afflic-
tions.

Etres touchans et bien dignes de notre

sensibilité ! comment se fait-il que la société ait montré si peu de soin de votre destinée, et pourquoi nos législateurs ne vous ont-ils pas préparé des asiles où, à l'abri du besoin, vous puissiez servir de mères aux orphelins, et terminer en paix la fin de votre carrière ? Pourquoi ! c'est que la sublime politique ne leur a pas laissé le tems de s'occuper de cette pensée attendrissante.

Orages.

Rarement en été il se passe de jour sans qu'on voie quelque orage rembrunir l'horizon. Mais qu'on n'aille pas s'imaginer que ces orages ressemblent à ceux de nos contrées du Nord. Point de ces chaleurs étouffantes ; point de ces nuages affreux ; point de ces pluies interminables et de ces ouragans destructeurs qui les accompagnent !

L'orage approche ; aussitôt le vent change, un nuage suspendu dans l'air inférieur, laisse échapper quelques gouttes de pluie, deux ou trois coups de tonnerre, et tout est fini. Dans l'espace d'une heure et souvent même de vingt à vingt-cinq minutes, le ciel redevient aussi serein qu'auparavant.

Le danger est presque nul. La mer et les eaux des canaux pompent presque toute la matière électrique.

D'ailleurs, on sait que *St. Vincent* a chassé pour jamais la foudre de la province; car, il est inutile de faire ici mention de *Ste. Barbe*, à laquelle on n'a jamais eu recours en vain.

C'est à ces orages, auxquels on doit non-seulement en grande partie la fécondité du pays, mais encore la délicieuse température des soirées d'été. Ces orages ont lieu d'ordinaire depuis trois heures jusqu'à quatre de l'après-midi, de manière que sur les cinq heures tout est terminé.

Alors la campagne riante réfléchit les rayons obliques du soleil du soir. L'air est pur, sonore et balsamique, et un vent frais ranime et vivifie ces vallées célestes.

Cependant dans la saison, à laquelle il serait difficile de donner le nom d'hiver, les orages ont quelque chose de plus sérieux. Alors, surtout en décembre, ils se font sentir pendant la nuit ; ils sont accompagnés de vent et de pluie, et ils durent plusieurs heures de suite. Toute la mer semble enflammée, et malheur au vaisseau qui oserait alors approcher de la côte !

Dans ces momens dangereux, le cultivateur effrayé se renferme avec sa famille tremblante dans sa pauvre chaumière ; il alume des cierges devant l'image de la Madonne, ou de *Ste. Barbe*, et jette des regards d'épouvante vers le sommet des montagnes éloignées, où les croix de fer sont rougies par les feux du ciel.

Enfin l'orage cesse ; la mer et le ciel réflètent les belles teintes de l'aurore. Bientôt le soleil se lève avec majesté, et la nature entière semble briller et se rajeunir.

Penaglosa.

C'est le sommet le plus élevé de la chaîne septentrionale des montagnes sur la frontière de l'*Arragon*. On évalue sa hauteur environ à mille toises au dessus de la superficie de la mer, quoique la largeur de labase de cette montagne la fasse paraître beaucoup moins considérable.

La *Penaglosa* est formée de pierre calcaire, où l'on trouve ordinairement beaucoup de pétrifications. Sa plus haute pointe est couverte de neige, pendant neuf mois de l'année, et presque toujours enveloppée d'épais brouillards. Cependant les trésors qu'elle offre au botaniste, méritent bien qu'on y fasse une excursion en été.

On peut monter à la *Penaglosa* en partant de *Adfaneta*, et descendre par *Villa Hermosa*. Le chemin est d'abord très-escarpé, par-tout couvert de galets, et ombragé de quantité de pins et d'autres arbres du Nord.

Après deux heures de marche, on parvient au *Santuario de San Juan Battista*, où l'on a coutume de s'arrêter. Là tout vous rappelle les hospices qu'on trouve dans les Alpes; seulement l'air y est plus doux et les montagnes sont plus boisées. De toute part le chemin est parsemé de violettes, de fraisiers et de gentiane, surtout autour des sources qui jaillissent des rochers.

A mesure que l'on monte, les arbres diminuent en hauteur et sont remplacés par les bruyères et les genêts. Bientôt on rencontre une foule d'herbes des Alpes et un grand nombre de cistes, telles que la Bénoite de montagne (*Geum montanum*), la Sysimbre d'eau des Pyrénées (*Sysimbrium Pyrenaicum*) , la Potentille arbrisseau (*Potentilla fruticosa*), la Scrophulaire (*Scrophularia Sucida*), la Pœonia (*Pæonia officinalis*), etc.; enfin, on arrive au sommet le plus élevé, d'où l'on découvre, par un tems serein, toute la partie septentrionale de Valence et du Sud - Ouest de l'Arragon.

Là on voit fleurir, avec d'autres superbes plantes, une quantité des plus belles espèces de becs de grue, la Drave des Alpes (*Draba alpina*), la Globulaire aux feuilles en forme de cœur (*Globularia cordiformis*), etc., et l'on descend au milieu de ces richesses de la nature, vers *Villa Hermosa*.

Ce chemin est assez commode et bien plus intéressant que le premier par une multitude

multitude d'aspects pittoresques et de superbes cascades. On y trouve une grande
quantité de belles plantes des Alpes,
entr'autres le hellébore noir (*Helleborus
niger*), avec ses fleurs couleur de rose,
plusieurs espèces de joncs, etc. ; jusqu'à ce
qu'arrivé à *Villa Hermosa*, l'œil embrasse
toute la chaîne septentrionale des Alpes.

Si l'on voulait donner une idée de la
Penaglosa en un seul mot, on pourrait la
nommer *Alpe méridionale*. Au reste, aucun
voyageur n'aura lieu de se repentir d'y
être monté, d'autant plus que ce voyage
n'exige tout au plus qu'une journée.

Superstition.

On a fait de gros volumes sur la superstition ; mais on semble avoir oublié combien ce vice tient fortement au cœur de
l'homme. La crainte et l'espoir, la faiblesse
et l'ignorance, voilà l'origine de cette inno-
cente illusion, qui procure quelquefois des
jouissances douces à ceux qui peuvent s'y
livrer.

N

Parmi les objets dont cette faiblesse se nourrit, le principal est la croyance relative à la protection des Saints. Il est bien doux pour celui qui souffre, de pouvoir compter dans tous les accidens de la vie sur un secours surnaturel. Plus heureux peut-être le philosophe qui sait s'en passer ; mais malheur à l'infortuné à qui on voudrait arracher cette idée consolatrice !

Nulle part cette opinion n'est plus active qu'en Espagne, et surtout en Valence, où presque chaque Saint a sa fonction particulière. C'est ainsi que *St. Roch* protège contre la peste ; *St. Antoine* contre l'incendie ; *Ste. Lucie* a le département des yeux, et *St. Blaise* celui de la gorge. *St. Nicolas* se charge des filles nubiles ; *St. Raymond* des femmes grosses, et *St. Lazare* des femmes en couches. *Ste. Casilde* garantit contre les pertes de sang ; *Ste. Apollonie* guérit le mal de dents ; *St. Augustin* préserve de l'hydropisie, et *Ste. Barbe* de la foudre. Enfin, il n'y a pas de si petit inconvénient qui n'ait un Saint pour y mettre ordre.

Les Saintes de ce pays remplissent aussi un rôle très-important auprès des voitu-

riers valenciens, dont chacun adopte ordinairement un patron ou une patronne. Il
porte toujours son image sur lui, dans un
beau reliquaire, et se recommande en toute
rencontre à sa puissante entremise.

Tant que ces voyages sont heureux, le
client est le plus reconnaissant des hommes ;
mais malheur au Saint, s'il arrive quelque
accident à son protégé ; car celui-ci s'en
prend aussitôt au protecteur, et le punit
de la manière la plus sévère.

M. Bourgoing cite un exemple de ce
genre. Son voiturier était malheureusement
tombé dans un précipice. Bouffi de colère,
il prend aussitôt son reliquaire, le brise en
mille pièces et le foule aux pieds, en acca-
blant le Saint de malédictions, et en l'en-
voyant à tous les diables.

« *Al Demonio Santa Barbara ! A los
Diabolos San Francisco ! Al Inferno Nuestra Sennora del Carme !....* Ainsi tous les
Saints qu'il avait implorés jusqu'alors, pas-
sèrent par son étamine, et il leur fit, l'un
après l'autre, les reproches les plus san-
glans sur leur impuissance, leur perfidie,
ou leur inattention à son égard.

Une autre espèce de superstition qui est encore fort en vogue à Valence, est ce qu'ils nomment le *mal de ojos*; expression qui ne signifie pas le *mal d'yeux*, mais le *charme par les yeux*.

Il est bien étrange que de tout tems on ait attribué aux plus beaux et aux plus nobles organes de l'homme une influence si nuisible. Quelle que puisse être la source de cette bizarre opinion, il est sûr qu'à Valence on a imaginé mille remèdes contre ce dangereux *mal de ojos*.

On s'en garantit communément avec des amulettes, parmi lesquels ce qu'ils appellent les *manecillas*, ou petites mains d'ivoire, des pattes de taupes et de petites hupes d'écarlate, ont la préférence. Dans les cas désespérés, c'est une ressource infaillible que de *planter*, comme ils disent, la *figue*. Alors le charme cesse sur-le-champ. Mais c'est surtout la situation du pouce (dans les *manecillas*) entre l'index et le médius, qui est essentielle contre ces sortes d'ensorcellemens; car ils ne tiennent pas contre ce talisman, qu'on a toujours soin de pendre au col des enfans.

Un mot aussi sur ce qu'on appelle *Diners de Bruixas*, ou *deniers de sorcières*, dont on entend souvent parler à Valence : ce sont des *helicites*, que l'on trouve en quantité, par exemple, près d'*Ibi*. Les habitans regardent ces objets comme des deniers qui portent bonheur, et ils les conservent avec un respect comique. Les passions et les ridicules des hommes ont toujours été les mêmes par-tout et de tout tems.

Murviedro.

Ville peuplée de cinq mille cinq cents habitans, la plupart excellens agriculteurs. Elle est située à quatre heures de distance de Valence, et à une de la mer, dans une contrée ravissante, presque sur l'emplacement même de l'antique Sagonte, si connue par le rôle qu'elle a joué dans l'histoire romaine.

Là s'offrent de toute part mille traces de l'ancienne grandeur des Romains et des Maures. Hélas ! combien de souvenirs frappans qui s'échappent, pour ainsi dire, du

N 3

milieu des siècles passés, pour nous con-
vaincre de la fragilité des choses humaines!

Nous voilà sur ces mines éloquentes;
commençons par les monumens de la magnificence romaine. C'est surtout le théâtre qui
attire notre attention. Bâti sur le penchant
d'une colline, il pouvait contenir environ
9,000 spectateurs.

Le théâtre antique de *Murviedro*, dit
Bourgoing (1), s'est si bien conservé, qu'on
y distingue encore parfaitement les gradins
qui servaient de sièges aux spectateurs; le
local inférieur, où nous plaçons nos orches-
tres; était destiné pour les magistrats; au
dessus était le lieu destiné aux chevaliers;
plus haut se plaçait le reste des specta-

_____

(1) Voyez le *Voyage en Espagne*, par *Bourgoing*,
Vol. II. On peut de même comparer à cet égard *Pons
Viage de Espanna*, Vol. IV. les 7, 8 et 9ᵉ. lettres; et
Staatskunde von Spanien, Vol. II, p. 607. Dans tous ces dé-
tails ces auteurs semblent avoir eu en vue la description
du Doyen *Martini*. (*Emman. Martini Epist. L.* XII.
Amstelod. 1738, 4, I. II. *Vol.* I. p. 198 — 203, qui
cependant a été surpassée en exactitude par l'ouvrage
suivant: *Nuevo plan del celebre teatro de la antigua
Sagonto*, par *D. Henr. Polos y Navarra.* 1795. 8.
Madrid, chez Martines. (6 Réaux.)

teurs, et le faîte était pour les licteurs et les courtisanes.

Toutes les places, à l'exception de la dernière, avaient leurs entrées séparées. On y voit encore ce qu'on appelait *vomitoires*, ou galeries qui servaient d'issue à la multitude. Au reste, on évalue la circonférence de l'amphithéâtre à 425 pieds, et la hauteur de l'orchestre jusqu'à l'extrémité supérieure, à 100 pieds.

Pendant longtems il semblait qu'on voulait laisser dépérir ces restes de l'ancienne grandeur romaine, quoique sur la représentation du doyen *Murti*, la cour eût donné à cet égard les ordres les plus impératifs.

Déja le *Proscenium* était encombré de chaumières et d'arbres, la scène occupée par les roues des cordiers, et même une partie des sièges intérieurs dépouillés des pierres dont ils étaient revêtus. Enfin, l'excellent ministre *Aranda* s'est décidé à nommer un *Commissario Conservador ad hoc*, qui veille avec le plus grand soin à la conservation de cet ancien édifice.

Outre ce théâtre, il y a encore à *Murviedro* d'autres monumens romains, tels que les débris d'un ancien cirque, d'un ancien temple de Bacchus, etc., devant lesquels le curieux ne s'arrête pas sans un sentiment douloureux. On y voit des colonnes superbes qui servent à faire le pain, et de belles tables de marbre à broyer le sel ; de magnifiques pierres sépulcrales qui devaient servir à transmettre à la postérité des noms illustres, pavent aujourd'hui une étable qui renferme des chèvres.

Les ruines qui datent des tems des Maures sont en plus petit nombre ; mais elles ne sont pas moins intéressantes. Au dessus de l'ancien théâtre sont des tourelles à demi-délabrées, et les restes d'un fort, qui dominent au loin le paysage. On aime à voir ces contrastes et ces différens goûts d'architecture. Combien de siècles réunis sur ce seul point ! Voilà le sort qui attend l'homme et ses ouvrages ! Voilà où aboutit sa magnificence fugitive ! Où sont aujourd'hui les générations qui fourmillèrent sur ce petit coin de terre, où elles luttèrent, et ressentirent la joie et la douleur ! Tout a disparu, et de tant de noms, l'histoire nous en a à peine conservé quelques-uns, qui sont presque oubliés !

Les travaux des hommes s'écroulent ; eux-mêmes tombent en poussière, tandis que la nature poursuit lentement sa marche immortelle ! Ces oliviers touffus, ces immenses carroubiers servirent autrefois d'ombrage aux anciens monarques des Maures ; et ces hauts palmiers versent, depuis plusieurs siècles, des fleurs sur leurs tombeaux. L'hermite a bien fait d'élever sa cellule dans un lieu à la fois si pittoresque et si instructif, où tout lui rappelle la faiblesse et le néant de l'homme.

Bateleurs.

Après avoir parcouru les contrées septentrionales de Valence, où nous avons vu que le ciel plus rigoureux et le sol ingrat, ont forcé les habitans à avoir recours à mille ressources, nous ne trouverons pas étonnant d'y rencontrer une foule d'histrions, d'escamoteurs, de danseurs de corde, de joueurs de marionettes, etc., dont les tours sont en grande vogue dans toute la province.

Parmi ces escamoteurs il ne faut pas s'attendre à voir des *Comus*; mais pour leur public ce sont des sorciers achevés. Vous y verrez des mangeurs de couleuvres, et de charbons ardens; vous les verrez faire végéter sur leur tête un bonnet de palmes, faire cuire des omelettes dans un chapeau; des grenouilles de carton s'animeront dans leur main; ils vous changeront de l'eau en vin; enfin, ils vous feront assez adroitement tous les tours usés qui remplissent les livres de magie de nos *Wiegleb*, de nos *Rosenthal*.

Il en est de même des saltimbanques, des danseurs de cordes, etc. Chez eux la dextérité remplace la science; mais les plus habiles de tous, sont les joueurs de marionettes, ainsi que ceux qui font manœuvrer les singes et les chiens. Ces histrions donnent souvent des représentations des anciens *Autos sacramentales*, accompagnés d'anges et de diables, et plus communément des *Saynettes* en langage valencien, qui quelquefois ne laissent pas que d'offrir de l'esprit et des situations comiques. Ou bien ce sont des espèces de ballets, et des imitations burlesques de danses étrangères;

mais il faut bien se garder d'y chercher aucun but moral ni poétique.

Le sujet de ces représentations se tire le plus communément de la dernière guerre française. Ils vous font passer sous les yeux toute l'histoire de la révolution, la guillottine, l'assemblée nationale, et les *Petimetras* et les *Madamitas* (c'est ainsi qu'on nomme en Espagne les nouvelles élégantes); les muscadins et les incroyables étaient aussi les objets des drames, où figurent leurs chiens et leurs singes.

Le tout finit ordinairement par la Marseillaise ou la Carmagnole, que ces artistes habillent toujours d'une manière anti-française. Il est à croire que ces représentations survivront encore à la révolution une douzaine d'années; les Valenciens, comme l'on sait, n'ayant jamais été portés pour les Français.

La profession de ces jongleurs semble se perpétuer dans les familles, et se transmettre comme un héritage; on les voit dans toutes les foires étaler leur savoir-faire. C'est surtout en voyageant dans les montagnes, qu'on rencontre fréquemment de ces bandes joyeuses, dans les différens villages que l'on traverse.

~~~~~~~~~~~~~~~~~~~~~~~~~~~

Orangers.

On fait ici venir les orangers, soit de semence, soit de rejetons; l'une et l'autre de ces méthodes a ses avantages et ses inconvéniens.

Les orangers qui proviennent des pepins, acquièrent à la vérité plus de hauteur et de durée que ceux qu'on fait venir de rejetons; mais ils croissent aussi plus lentement, et donnent des fruits de qualité bien inférieure.

Les orangers, au contraire, qui proviennent de rejetons, croissent beaucoup plus vîte, et donnent des fruits excellens mais ils sont plus petits et meurent la vingtième ou vingt-cinquième année.

Les Valenciens, qui n'aspirent qu'à un gain rapide, donnent d'ordinaire la préférence à la dernière méthode ; nous allons commencer par la décrire.

Lorsqu'on veut faire provenir un oranger de pepins, on laboure le champ à la profondeur d'un pied, et on le partage en planches de neuf à dix pieds de largeur. On y fait de petits trous de deux pouces de profondeur, à la distance d'un pied et demi l'un de l'autre, où l'on met toujours deux à trois pepins. Il faut faire cette opération au commencement de l'été, et choisir toujours pour cela une terre bien engraissée et mêlée de sable et de marne.

Alors on laisse croître les jeunes plantes, jusqu'à ce qu'elles soient parvenues à la hauteur de quatre ou de quatre pouces et demi. On ne laisse dans chaque trou que la plante la plus saine, en continuant d'arroser le sol avec soin. De cette manière on a, au bout de quatre à cinq ans, une quantité de jeunes tiges d'excellens orangers, qu'on peut transplanter et greffer vers la huitième année.

Quant à la seconde méthode, on prend le plus souvent des rejetons de citroniers qui réussissent mieux, et sont moins sujets aux accidens. On les plante, dans les trois mois de printems, dans une terre bien arrosée, pareillement à la distance d'un pied et demi l'un de l'autre, et d'ordinaire de la longueur d'un bon demi-pied.

On les laisse croître ainsi en continuant de les arroser jusqu'à ce qu'ils aient à-peu-près l'épaisseur d'un pouce. Alors on les greffe à la hauteur d'un demi – palme au dessus de la terré, et on les y laisse jusqu'au mois de janvier, février ou mars suivant. A cette époque on les transplante à une distance de douze à quatorze pieds l'un de l'autre.

Alors ils croissent facilement, s'ils sont bien arrosés, et ils ont, à-peu-près, dix pieds de hauteur et vingt de circonférence; mais vers la douzième ou quatorzième année, ils commencent à languir, et ils meurent la vingtième ou au plus tard la vingt-cinquième année.

Malgré cet avantage les Valenciens donnent la préférence à cette dernière méthode qui offre un gain beaucoup plus prompt; car chaque oranger leur donne, l'un portant l'autre, un revenu annuel de six réaux, dont il faut déduire tout au plus un tiers pour les frais. D'ailleurs, on peut encore mettre à profit les interstices des plantes, pour y faire venir des légumes de différentes espèces : ainsi l'on voit que la culture des orangers ne laisse pas que d'être assez productive.

Ces arbres qui, dans nos serres chaudes, n'ont qu'un aspect malingre et mesquin, déploient dans le Midi des formes superbes et pompeuses; presque toujours couverts de fleurs et de fruits, ils se montrent dans toute leur beauté native et remplissent l'air de leurs parfums.

Argelinos.

C'est le nom qu'on donnait ici aux Algériens avant l'armistice conclu en 1785. Les côtes d'Espagne, étaient continuellement exposées à leurs incursions, et malgré l'activité du gouvernement, toutes les mesures que l'on avait pu prendre contre eux, en établissant des gardes-côtes, des frégates à signaux, etc., restaient sans aucun effet.

Il est vrai aussi que les corsaires algériens se sont, de tous les tems, distingués par leurs ruses et leur audace. Tantôt ils transformaient leurs chebecs en navires marchands, et hissaient un pavillon européen, et assez souvent même celui d'Espagne; tantôt trois ou quatre ensemble frisaient, sous celui de leur nation, la côte espagnole; tantôt ils se cachaient derrière un promontoire; enfin, ils poussaient leur audace jusqu'à attaquer même des frégates de la marine royale.

Ils en usaient de même dans leurs débarquemens, dont on ne pouvait se garantir dans aucun mois de l'année. Quelquefois ils se glissaient furtivement sur le rivage, surtout dans des nuits orageuses, au moyen de leurs bateaux plats, et d'autres fois ils forçaient la côte à main armée. Souvent ils trompaient les gardes-côtes par des attaques feintes; d'autres fois ils tombaient sur eux avec toute la rage des tigres. Souvent ils se contentaient de piller les villages et se hasardaient même jusqu'à pénétrer plusieurs lieues dans le pays, et ils réussissaient presque toujours à emmener en esclavage une partie des habitans, qu'on était alors obligé de racheter par de fortes rançons.

Ainsi donc, rien de plus redoutable pour les pauvres habitans de la côte, qu'un bâtiment

timent de ces pirates algériens; rien de plus terrible que ce cri : *Moros ! Moros en tierra ! Moros ! Arma ! Arma !* C'était là le signal universel et l'alarme du désespoir.

On peut juger quelle joie l'armistice, appelé éternel, de 1785, dut causer dans cette contrée, quoique pour l'acheter, après le bombardement infructueux de 1784, il en ait coûté quatorze millions de réaux à l'Espagne. Ce n'est qu'à compter de cette époque, que les Valenciens ont pu s'adonner à l'agriculture, à la pêche et au cabotage; ce n'est que depuis cette paix qu'ils dorment tranquillement dans leurs chaumières, et voient sans frayeur le pavillon algérien approcher de leurs côtes.

Nous dirons un mot ici de ces ballets pantomimes, représentant des batailles, et dont il faut chercher l'origine dans les combats réels dont nous venons de parler. Ces jeux sont d'usage surtout dans les bourgs qui avoisinent la côte, à l'occasion de certaines solemnités nationales, telles que les changemens de gouvernement, les publications de paix ; etc.

Ces ballets figurent des batailles en règle

O

entre les pirates et les habitans de la côte, entre les Maures et les Chrétiens.

Les premiers sont stationnés proche le rivage ; les autres sont postés par petits pelotons entre les tourelles, bâties le long de la côte. Dès que les Maures sont aperçus par les *Altalayas*, les soldats chrétiens sortent à l'instant pour la défense.

Les corsaires s'avancent ; les Espagnols font une décharge générale ; et des deux côtés on les foudroie à toute outrance. Bientôt les corsaires s'élancent sur le rivage ; les troupes espagnoles reculent et se retirent en désordre vers leurs retranchemens.

On n'entend plus de toute part que les cris d'alarme : *Moros ! Moros en tierra ! Moros ! Moros ! Arma ! Arma !* Cependant les ennemis fondent les uns après les autres sur les retranchemens. Déja les Chrétiens sont sur le point de prendre la fuite, lorsque tout d'un coup la Madone, l'étendart espagnol à la main, se montre à ses adorateurs aux abois.

A cet aspect les Chrétiens tremblans reprennent une ardeur nouvelle. — *A Ellos !*

A Ellos ! — la Virgen nos assiste !... Partout on répète ces cris de ralliement! Les colonnes chrétiennes s'avancent de nouveau et font des prodiges de valeur ; les corsaires succombent , ils sont repoussés sur les flots , la plupart faits prisonniers , et en quelques minutes, on remporte une victoire complète.

Suit une procession ou plutôt une marche triomphale , dans laquelle on présente aux dames de la bourgade les pirates captifs. Celles-ci intercèdent pour eux ; ils se font Chrétiens, et la fête finit par un banquet suivi d'un bal brillant, où ce peuple ingénieux déploie toute son amabilité.

~~~~~~~~~~~~~~~~

La Santa Faz.

C'est un petit village, tout au plus de deux cents habitans , presque au centre de la *Huerta d'Alicante*. Il prend son nom d'un Saint-Suaire que l'on y possède, et où est empreinte la *sainte face* de Notre Seigneur.

O 2

Ce Saint-Suaire qui, dans l'origine, appartenait à la Sainte *Véronique*, après diverses transmissions, exactement rapportées dans la légende, tomba entre les mains d'un pauvre ecclésiastique espagnol, lequel ayant été nommé curé de ce village, dont le nom d'alors était *San Juan*, emporta avec lui cette relique. Ignorant le prix de ce trésor, il l'avait relégué dans un vieux coffre, où il était confondu parmi un amas de chiffons.

Mais le vénérable Saint-Suaire n'avait pas besoin de ce pêcheur idiot pour obtenir la place et les respects qui lui étaient dus à tant de titres. A la première absence que fit le curé, voilà le tissu sacré qui se fait jour à travers ces vêtemens profanes, et se place, comme de raison, par-dessus les guenilles, précisément sous le couvercle du coffre!

En vain, quelques jours après, le curé, en farfouillant dans le coffre, le remit de nouveau par-dessous les hardes. Le Saint-Suaire sut maintenir son droit, et s'élança de rechef au poste d'honneur qu'il avait lui-même choisi.

Le curé l'y aperçoit de nouveau, et, dans son dépit, il le rencogne encore dans le fin fond du bahut. Tout-à-coup, ô prodige, fait pour confondre l'hérétique le plus têtu ! l'auguste tissu fait voler tous les habits, va s'attacher au plancher de l'appartement, et par cet acte vigoureux, s'annonce démonstrativement pour le véritable *Saint-Suaire* de Notre Seigneur et Sauveur.

Alors le bon prêtre, pénitent et confus, voulant réparer sa faute, l'exposa incontinent dans l'église, lui fit bâtir une chapelle, et donna le nom de cette précieuse relique à l'heureux village, témoin de si miraculeux évènemens !

A compter de cet instant, quantité de prodiges signalèrent, l'un après l'autre, la présence du Saint - Suaire, et il s'est surpassé surtout dans la dernière sécheresse. Il faut l'avouer, la face de Notre Seigneur y semble quelque chose plus petite que sur les autres Saints - Suaires qu'on vénère à *Rome*, à *Oviedo* et à *Jaen*; mais il est de toute vérité qu'il se montre tantôt plus petit, tantôt plus grand; et dans ce dernier cas, au moins de la même grandeur que

ceux ci-dessus mentionnés. Honneur donc
à ce miraculeux *Saint-Suaire*, malgré l'extrême difficulté que l'on a à distinguer les
traits adorés de cette empreinte, imperceptible aux yeux profanes!

~~~~~~~~~~~~~~~~

Observations minéralogiques.

On trouve dans les montagnes de Valence
les minéraux suivans :

Du Fer.

Près de *Fredas* et *la Pobla*; mais les
mines sont en abandon depuis plus d'un siècle.— Près de *Forcal*, dans la mine *Muela de
Miro* non exploitée. — Près de *Castelfort*,
mine mal exploitée. — Près de *Onda*,
dans la *Sierra de Espadan*, mine non
exploitée. — Près de *Canaret*, mine non
exploitée. — Près de *Antilla*, mine non
exploitée. — Près de *Ayodar*, mine non
exploitée.— Entre *Rotova* et *Marchuquera*,
mine non exploitée.

Du Cobalt.

Près d'*Ayodar*; mais on a laissé dépérir la mine.

Du Cuivre.

Pareillement auprès d'*Ayodar*; cette mine n'est point exploitée.

Du Vif-argent.

Entre *Ætana* et *Eslida*, dans la montagne *Creùta*. Depuis plusieurs siècles la mine était tombée en dépérissement; mais l'an 1793 elle a été reprise de nouveau et mise en activité. Dans les essais qu'on en a faits, on a trouvé, sur un quintal de minérai, treize livres de mercure, vingt-une livres de cuivre, dix-huit livres de soufre et d'arsénic; $\frac{1}{128}$ livre d'argent : malgré cet aperçu avantageux, on dit qu'on a de nouveau abandonné cette mine depuis 1796.

Du Plomb.

Près de *Yelto*. On n'a exploité ces mines qu'en 1775 à 1779, et personne n'a essayé d'en faire l'analyse.

On trouve encore dans les montagnes de Valence de l'albâtre et du marbre, dont il a déja été parlé ci-dessus ; ensuite plusieurs couches de houilles près de *Pobla*, de *Vallibona*, de *Penaglosa*, etc. ; mais on n'a commencé à les exploiter que depuis quelques années. Ajoutez à cela une foule de carrières de plâtre, dans ces mêmes contrées et dans d'autres, dont le produit forme une branche considérable de commerce.

Nous ne donnons, dans ces détails, qu'une esquisse bien incomplète ; car il faut avouer que tout ce qui appartient à la minéralogie et à l'exploitation des mines, est encore en Espagne dans un état de barbarie.

Une foule de trésors que la terre renferme, sont absolument ignorés ou sans aucune utilité. Ce pays offrira un jour des richesses immenses à l'industrie, mieux dirigée des générations qui viendront après nous.

~~~~~~~~~~~~~~~~~~

Hermitages.

On trouve plusieurs hermitages dans la province de Valence, dont le site et l'aspect sont véritablement enchanteurs. Il y en a près de *Murviedro*, *Raba*, *Benidorm*, etc., qui depuis des siècles ont presque toujours été habités.

Un des plus beaux qui existe, est tout près de *Murviedro*, sur une haute montagne, où sont les ruines d'une ancienne forteresse. Un pauvre ecclésiastique français y avait son habitation, en 1795, après avoir longtems séjourné en Orient. Il en avait réparé la cellule, agrandi le petit jardin, et planté autour de jolies allées de platanes. Les bons habitans de *Murviedro* lui fournissaient des vivres, et il ne recevait jamais leurs générosités, sans qu'il leur donnât sa bénédiction les larmes aux yeux.

Il y a un autre hermitage très agréable

sur le rocher de *Xabra*, d'où, par un tems serein, on distingue la côte de Minorque. C'est là que jusqu'en 1790 avait vécu un vieil hermite, dont personne ne connaissait le pays; généralement on le croyait allemand, et on le nommait le *vieux Martin*. Il était depuis quarante ans sur sa montagne, et semblait avoir près de cent ans. On le révérait dans le pays comme un Saint. Six ans avant sa mort il était encore si vigoureux qu'il grimpait seul et sans aide sur cette montagne assez escarpée. Il mourut le premier jour de l'an 1791, auquel le froid descendit tout-à-coup à huit degrés au dessous de zéro.

Un troisième hermitage est celui de *Benidorm*, habité par un ancien matelot irlandais, qui, depuis vingt-cinq ans, n'est jamais descendu de son rocher. On le révère comme un oracle, à cause de ses nombreuses observations sur la marche des thons; ce qui lui vaut des vivres en abondance. Selon lui les thons s'approchent de la côte, en faisant toujours des lignes parallèles, etc.

Tous ces hermitages sont communément de

petites huttes faites de terre ou d'écorce d'arbres, la plupart couvertes d'*esparto* ou de branches de palmiers. Tout autour sont d'ordinaire quelques carroubiers, des figuiers, des amandiers ou des orangers, entre-mêlés de légumes et autres plantes potagères; au milieu desquelles est une source vive. L'ensemble respire le calme, la paix et le recueillement, dont les douces impressions passent involontairement dans l'ame de celui qui va visiter ces hermitages.

Dans quel pays et sous quel ciel la vie d'un homme qui s'est retiré du monde, pourrait-elle s'écouler avec plus de charmes! Où peut-on oublier plus facilement le tumulte bruyant des villes, et dans quelle contrée le malheureux qui veut renoncer à tout, pourrait-il mieux tranquilliser son cœur, en attendant un avenir plus heureux et des jouissances immortelles ?

Commerce et Ports.

En considérant le commerce de la province de Valence, il faut d'abord distinguer entre le commerce intérieur et le commerce étranger.

Dans le commerce intérieur on distingue encore le commerce de quelques districts provinciaux, d'avec le commerce des provinces limitrophes. L'un et l'autre se fait par mer ou par terre, soit par les *arrièros*, soit par le cabotage.

Pour ce qui concerne le commerce des différens districts provinciaux, la partie septentrionale de l'Espagne fournit à la partie méridionale, le bois de charpente, les poteries, les toiles et les ouvrages en laine, en *esparto*, l'eau-de-vie, etc. La partie méridionale envoie dans celle du Nord, du bled, du poisson, des marchandises du Levant, de la soie, des carroubes, etc. Les contrées de l'Ouest offrent du sel; celles du Midi du riz et des légumes; en un mot, c'est un échange continuel et mutuel de diverses productions.

Quant au commerce national entre les provinces voisines et limitrophes, on exporte dans les Castilles et l'Arragon du riz, de la soie , des fruits du Midi, des poissons , etc., et l'on reçoit en échange du bled , de la laine et des bestiaux ; de même on envoie en Murcie et en Grenade du lin , du chanvre , de la soie , de l'huile , du riz , du savon ; et la province de Valence reçoit une partie de ces produits , tels que des vins , des fruits du Midi , des ouvrages d'*esparto* , soit pour son commerce aux îles Baléares, soit pour l'étranger.

Relativement au commerce extérieur, on exporte surtout les articles suivans , savoir ; des fruits du Midi, de l'huile, du vin, de la *Barilla* , de la soude , des sardines , de l'*esparto* , du sel , de la soie , etc. , pour l'Italie , l'Angleterre , la France , la Hollande , les pays du Nord , et pour l'Amérique méridionale ; et l'on a en échange des marchandises des Indes orientales , du bled , de la morue , des bois de construction , du goudron , de la poix , du fer , et de la toile fine.

Ce commerce se fait surtout dans les ports

d'*Alicante*, de *Valence*, de *Vinaroz*, de *Benicarlo*, de *Murviedro*, et de *Guardamar*; mais toutefois avec des avantages bien différens et une distribution fort inégale.

Alicante est la première de ces places; il y a dans cette ville un grand nombre de maisons étrangères de commerce, et elle est en même tems le siège de tous les consuls des autres nations. On y fait des affaires immenses, et on peut y voir réunis pendant neuf mois de l'année presque tous les pavillons de l'Europe.

Par exemple, on en a exporté, dans l'excellente année de 1795, les articles suivans: 5,306 liv. de safran, 6,975 arrobes d'anis, 14,410 arrobes d'amandes sans écorce, 1,880 arrobes de raisins secs, 1,123 arrobes de figues, 408 arrobes de cumin, 173 arrobes de bois de réglisse, plus de 17,000 contaros en vins et eaux-de-vie, près de 1,800,000 oranges et citrons, 36,000 quintaux de *Barilla*, 28,000 quintaux de soude, près de 7,000 quintaux de cinnabre et d'alun, 972 arrobes d'huile d'olives, etc.

Le commerce de la ville de *Valence* est moins considérable, et se borne principa-

lement au vin et à l'eau-de-vie, pour le
Nord et l'Amérique méridionale ; à l'*esparto* et aux fruits, pour l'Italie, l'Angleterre et la Hollande ; au chanvre pour la
marine à Carthagène, ainsi qu'aux soieries
pour l'Amérique.

Quant aux ports de *Murviedro*, *Benicarlo* et *Vinaroz*, on n'y exporte guère
que du vin et de l'eau-de-vie ; mais ce sont
des cargaisons immenses, qui vont en Angleterre, en France et dans le Nord.

Enfin, le petit port de *Guardamar* sert
pour le produit des salines de la *Mata*,
que des vaissaux hollandais, danois et ra-
gusins vien nent charger en grande quantité.

Quant à l'évaluation totale de ces articles
d'exportation, *Cavanilles* les faisait monter, il y a trente ans, à la somme de dix
millions de piastres. Ainsi il n'y aurait rien
d'exagéré, si une évaluation plus récente les
portait à douze millions.

· ll en est de même de ce qui concerne le
montant du commerce de toute la province.
Si alors *Cavanilles* l'évaluait à treize millions, il n'y aurait rien d'étonnant si, après
tant d'améliorations dans l'agriculture, on

le faisait aller à la somme de quinze à seize millions de piastres.

Que résulte-t-il donc du rapprochement de ces données ? D'abord, qu'au moins cinq sixièmes des produits de Valence offrent des articles de commerce très-avantageux ; en second lieu, que l'organisation et en même tems le commerce de la province, depuis trente ans, ont toujours été en augmentant.

Voilà ce qui regarde ces différens ports eu égard au commerce ; ajoutons quelques mots concernant les notions hydrographiques.

Le port d'*Alicante* est connu et sûr ; les plus grands vaisseaux y peuvent ancrer sans aucune difficulté. Les ports de *Murviedro*, de *Benicarlo*, de *Vinaroz*, etc., ne sont bons que pour de petits bâtimens, de manière que les gros vaisseaux sont forcés de rester à la rade. Reste enfin le port de *Valence*. Mais à l'égard de ce dernier, il faut entrer dans de plus longs détails.

C'était, comme l'on sait, un des plus mauvais et des moins sûrs de tout le royaume,

quand

quant, en 1792, on pensa sérieusement à son amélioration. Les négocians et les fabricans se cotisèrent volontairement pour une somme considérable ; la banque de *San Carlo* avança, sur le nantissement des droits d'entrée, cinq millions de réaux, et le gouvernement même fournit aussi des sommes considérables.

Les travaux commencèrent au mois de mars de 1792, et continuèrent jusqu'au mois d'août de la même année, avec beaucoup de zèle. Quelque énormes que fussent les difficultés que l'on avait à vaincre, le succès semblait déjà pleinement assuré ; on avait déjà un pied et demi d'eau, les premiers cailloux étaient heureusement et solidement assis, quand par la guerre si impolitiquement entreprise contre la France, l'argent vint tout-à-coup à manquer.

Alors les travaux cessèrent ou ne continuèrent que par intervalle et avec beaucoup de négligence ; bref, au bout de quatre ans on n'avait guère fait que 40 toises. En outre, les gros tems ont tellement détruit deux des derniers caissons, que le succès de l'entreprise semble aujourd'hui très-douteux.

P.

Mais nous terminerons ces observations hydrographiques, pour parler de la beauté de cette mer. *Vernet*, l'immortel *Vernet*, ne nous a pas représenté les ports des contrées septentrionales. Il était né en Provence, et il connaissait la richesse et toute la magnificence de là mer du Midi.

Quelles teintes admirables et variées! c'est ici qu'il faut se rendre pour voir la mer dans toute sa pompe et dans toute sa vie. Quand on a vu une fois cette plage enchanteresse, on n'y pense jamais sans un juste regret.

Habillement.

S'il prenait un jour fantaisie à quelque graveur de publier un recueil de costumes des différentes nations, on aurait dans cette réunion une foule de contrastes infiniment intéressans. Ici, un couple de Kamschadales; là, un couple valencien, offriraient l'hiver et l'été parfaitement personnifiés, etc.

Vous connaissez le Kamschadale avec sa

pelisse, etc. : regardez, voilà le Valencien !
Son court gilet flotte au gré du vent ; sa
petite tunique de lin lui couvre à peine les
genoux ; ses caleçons, ses souliers sont de
chanvre ; enfin toute sa personne est leste,
pimpante et gaie comme le printems.

Mettez ensuite une belle Valencienne
à côté de sa compagne affublée lourdement
de son costume de Kamschatka ! Qui pourrait voir sans émotion cet air léger et sé-
millant, ce corset enchanteur, ces jupons
agaçans et ce joli tablier, parsemé de
fleurs d'orange et d'acacia, qui voltige au
hasard !

Etres charmans, dont la parure est le
symbole de votre aimable caractère, de
votre pays magique, de votre climat céleste ! Heureux mille fois le mortel qui peut
obtenir de vous le bonheur d'être aimé !

Les deux sexes se distinguent ici principalement par la propreté et l'élégante co-
queterie de leur vêtement. La couleur fa-
vorite est le blanc ; les étoffes les plus communes sont les indiennes ou la toile. Mais
dans leur grande parure, les hommes ajou-
tent un gilet de velours noir ou bleu ; et

P 2

les femmes des corsets de cette même étoffe, ou verts ou rose.

Mais ce qui rend surtout le costume des Valenciennes si attrayant, ce qui l'approche du beau idéal, ce qui fait qu'aucune imitation ne peut y atteindre, et qu'aucun travestissement ne peut le rendre, c'est cette grâce, cette vivacité, cette tournure méridionale, qui semble ici naturelle et inséparable des plus simples villageoises.

Gandia.

C'est la contrée la plus belle, la plus douce, la plus fertile de la province de Valence; elle a en longueur et en largeur environ pour deux heures de marche. Elle est entourée de montagnes et s'étend le long de la côte. Arrosée par deux fleuves, savoir, l'*Alcay* et le *San Nicolas*, elle ressemble à un jardin magnifique.

Presqu'au centre, à-peu-près à la distance de sept lieues de Valence, est *Gandia*, ville agréablement bâtie, dont on porte la population à 5,000 ames. De plus, on compte dans les environs, jusqu'à la pente des montagnes, plus de vingt villages, qui contiennent au moins quatre mille habitans ; de manière que ce district est un des plus peuplés de toute l'Espagne.

Aussi nulle part au monde le climat n'est plus doux, le sol plus fertile, l'agriculture plus productive qu'à *Gandia*. Tout y mûrit presque un mois plutôt que dans la *Huerta de Valence* ; tout y produit des fruits au centuple ; tout y vient dans la plus grande perfection.

Pour entrer dans quelques détails, nous dirons qu'on retire de ce territoire, année commune, près de 56,800 livres de soie, 6,950 cahizes de froment, 17,250 cahizes de maïs, 15,650 arrobes d'huile, 100,700 arrobes de carroubes, et 4,300 cantaros de vin. On vend pour 4,500 piastres de melons, pour 1,000 piastres de grenades, pour 1,900 piastres d'autres fruits du Midi, pour 3,000 piastres de légumes, etc.

Indépendamment des produits de cette culture féconde et industrieuse, les habitans de *Gandia* possèdent encore de belles

P 3

manufactures de soie ; et l'on compte dans ce district plus de mille métiers. Ajoutez à cela une foule de petits articles, d'*esparto*, de coton, etc. Aussi l'on ne voit qu'activité et vie dans tout ce district.

Si l'on voulait passer ses jours dans cette belle partie de l'Espagne, ce serait à *Gandia* qu'on devrait aller de préférence ; l'agrément de la contrée, le bon prix des vivres, tout contribue à rendre ce pays le plus intéressant, le plus agréable et le plus fertile de toute cette province. On n'aurait pas même besoin de gros capitaux pour y exister ; avec un fonds de terre de trois ou quatre mille piastres, on serait un des plus riches habitans de *Gandia*.

Langue.

Depuis l'ancienne relation de la province de Valence avec les parties méridionales de la France, on parle dans la vie commune un patois qui, dans son ensemble, approche beaucoup du Limosin, et ne s'en éloigne que par ses dialectes.

Pour montrer la ressemblance de ce patois avec le français, nous donnerons ici
La liste d'un petit nombre de mots:

En valencien.	En français.
Deu.	Dieu.
Vida.	Vie.
Anim.	Ame.
Any.	An.
Mon.	Monde.
Cel.	Ciel.
Genol.	Genou.
Moli.	Moulin.
Fulle.	Feuille.
Pare.	Père.
Clau.	Clef.
Fam.	Faim.
Llum.	Lumière.
Pa.	Pain.
Vi.	Vin.

La ressemblance de la construction est
également frappante; de manière qu'à
l'exception de quelques tournures espagnoles, tout semble être absolument français.
Quand on comprend seulement un peu
d'italien ou de français, on ne tarde pas

à se familiariser avec le valencien, au
bout de quelques semaines.

Au reste, ce patois, surtout dans la bouche des femmes, est d'une harmonie et d'une
douceur extrêmes. — *Niuerola !* — *Moci-
quio !* — *Chiquiqvio !* — *Racarilla* (1)! etc.
On sent la douceur de ces sons. — *Ven con
tu Corril Queridiqvio* (2)! Où est celui qui
peut résister à cette invitation de la part
d'une belle Valencienne ?

Quoique ce patois se parle généralement
dans la province, néanmoins, la plupart
des habitáns et même les gens de la campagne comprennent l'espagnol proprement
dit. (*el Castillano.*) Au reste, on peut,
aisément les reconnaître à la prononciation
grasseyante du *C* et du *Z*, de l'*R* et de l'*L*,
ainsi qu'à plusieurs expressions et *tournures*
valenciennes, qui leur échappent dans le
discours.

---

(1) Mon enfant ! — Mon petit bambin ! — Mon
petit ! — Mon cher !

(2) Viens avec ton cœur, mon petit !

Contributions.

On les distingue en *contributions roya-les* et en *contributions seigneuriales*. Les premières sont très-modiques, puisqu'elles ne consistent que dans ce qu'on nomme ici *l'équivalent*, et qui est une imposition mo-dérée sur les revenus (1). Les secondes sont beaucoup plus oppressives que dans toute autre province de l'Espagne.

Elles consistent en droits perçus en na-ture, tantôt du cinquième et du sixième, et souvent même du quart et du tiers de tout ce que le cultivateur industrieux peut gagner. Ajoutez encore à cela une foule de privilèges qui, la plupart, ne sont que des usurpations ; tels que les pressoirs, les fours, les magasins, les *Po-sadas* bannaux, et qui pèsent également sur les habitans.

_____

(1) A Valence le gouvernement ne perçoit ni les *Sijas*, ni les *Millones*, et en général point de ces *Rentas Provinciales*, très-onéreuses, qui sont intro-duites dans toutes les provinces appartenant à la couronne de Castille.

Quelle est l'origine de ces privilèges bar-
bares ? Il faut la chercher ici comme par-
tout ailleurs, dans l'ancien système féodal. Les rois d'Arragon distribuèrent aussi
dans ce pays, après la conquête de Valence, en 1238, les terres à leurs vassaux,
puis ils s'arrogèrent le droit de taxer
arbitrairement leurs sujets, qui d'ailleurs
étaient pour la plupart Maures.

L'expulsion totale des Maures, en 1609,
qu'enfin les propriétaires des grandes terres
ne purent empêcher, ne produisit au
surplus aucun changement dans le système
de l'impôt. Les propriétaires de terres pou-
vant se procurer suffisamment des colons
en les faisant venir des provinces circonvoisines, firent leurs contrats emphytéo-
tiques tout-à-fait à leur avantage. Ils surent
conserver la plupart des anciens droits,
et ils n'accordèrent aux nouveaux venus,
et tout au plus pour les premières années,
que quelques modérations peu sensibles.

La suite de ces abus a été que le cultivateur, même avec la plus grande industrie
sur un sol aussi productif, n'a pu jamais
arriver à quelque bien-être ; et que, com-

parés aux autres habitans de l'Espagne,
les gens de la campagne dans les provinces
de Valence , n'offrent que les êtres les plus
pauvres de la classe dépendante.

Y a-t-il donc de quoi s'étonner si , fa-
tigué de cette oppression , le cultivateur
s'est déja souvent insurgé contre la noblesse,
et en général contre tous les propriétaires ,
et s'il demande avec instance l'anéantissement de ces droits usurpateurs et oppressifs , qui ne sont en effet qu'une injuste
prescription. Sans doute il faut con-
damner ces essais violens ; il nous est impossible de les justifier. Mais si jamais l'Espagne doit voir éclater une révolution, ce
sont ces injustices qui en fourniront les
motifs et l'occasion.

Qu'on se rappelle les mécontentemens
qui ont eu lieu en 1801. Le gouvernement
a eu grand soin de les cacher; mais ils
ont été plus sérieux qu'on ne l'imagine.

San Nicolas.

St. Nicolas, archevêque de *Myra*, qui mourut en 326 depuis la naissance de Jésus-Christ, est révéré dans ce pays comme le patron de toutes les jeunes filles qui desirent être mariées.

Eh! qui aurait plus de titres à ce sublime patronnage que ce saint évêque qui, un jour résuscita, l'amant d'une jeune beauté, et qui, à une autre occasion, donna en songe une dot aux filles d'un pauvre gentilâtre!

Voilà ce *St. Nicolas*, dont la fête se célèbre ici avec de très-grandes cérémonies par toutes les jeunes filles qui desirent cesser de l'être. Elles lui offrent en profusion des guirlandes, des bouquets, ainsi que des gâteaux et des fruits; elles lui font mille promesses, et des vœux sans nombre; mille..... mais il faut s'étendre davantage sur ces derniers jeux dont nous allons parler.

On connaît tous les rites superstitieux si répandus parmi les femmes de l'Allemagne catholique pour découvrir ce qui forme l'objet le plus important de leurs desirs.

On doit bien s'imaginer que la curiosité si naturelle, en pareil cas, porte le beau sexe de Valence à chercher à pressentir les circonstances de leur hymen futur, par des expédiens aussi bizarres et aussi superstitieux que ceux qu'on emploie au loin. La curiosité du beau sexe, ses desirs et ses caprices sont les mêmes à Valence que partout ailleurs ; voilà pourquoi on rencontre ici fréquemment de ces sortes de pratiques.

Par exemple, vous les verrez quelquefois ouvrir mystérieusement, avec des mots analogues, trois écosses de carroubes, dont le premier et le dernier pepin ont leur annonce particulière ; souvent elles font voler des plumes de pigeons, dont la descente plus ou moins lente, etc., a une indication très-significative.

En d'autres occasions elles jettent dans un bassin une certaine quantité de cailloux de marbre, dont le son plus ou moins bruyant marque le terme plus ou moins éloigné du mariage, et Dieu sait quelle

tagnes nommées *Cabrillas*, où se rassem-
blait autrefois une bande de brigands, la
plupart échappés des prisons de *Caraca*,
de *Carthagène* ; des assassins ou des dé-
serteurs qui n'avaient pu passer en France,
des matelots qui avaient abandonné leur
service ; en un mot, le rebut de toutes les
provinces du royaume.

Pour arriver à la frontière, il faut passer
par un *puerto*, c'est-à-dire, la gorge d'un
défilé, qui de tous côtés est bordé de rochers affreux et impraticables. C'est là où
les brigands font leur séjour ordinaire, et
malheur à celui qui tombe entre leurs
mains ! On compte près de cinquante personnes qui, dans le courant de l'année
1793, ont été assassinées dans ces montagnes.

Longtems le gouvernement avait regardé
ces excès avec une sorte d'indifférence ;
mais, enfin, en 1796 on ordonna une battue
générale. De tous côtés on fit partir contre
Requena un détachement de dragons; on
cerna les brigands de toute part et on en
purgea le pays.

Ces moyens énergiques, ainsi que des
détachemens

détachemens établis sur les frontières, ont eu les résultats les plus salutaires. On peut voyager aujourd'hui dans toute la province sans aucun danger; seulement il faut avoir soin de se munir d'un passe-port en bonne et due forme.

Pigeons.

Presque dans toutes les maisons on trouve à Valence un *Palomar* (1) ou colombier, rempli de pigeons de toute espèce et de toute couleur (2).

Parmi ces pigeons, les plus beaux sont

(1) C'est ainsi qu'on nomme les petites tourelles quadrangulaires, de différentes hauteur et largeur, construites sur les toîts en terrasses, et souvent décorées avec beaucoup d'élégance.

(2) La fécondité de ces pigeons est extrême. Ils produisent quelquefois par année 22 à 24 paires de petits. On a observé qu'ils pondent leurs deux œufs en moins de 24 heures; qu'ils les couvent au printems et en été pendant 15 ou 16 jours; en automne et en février pendant 20 ou 21 jours. Ils continuent à pondre jusqu'à douze, quatorze et quelquefois même jusqu'à vingt ans.

Q

ceux de *raza*, (*Columba tabellaria* de Linnée) remarquables par un si fort attachement à leur domicile, qu'on a vu souvent un pigeon de *raza* revenir au logis non-seulement de dix à douze *leguas* de distance, mais encore au bout de deux ou trois ans. Comme cet instinct ne se fait pas sentir également dans tous les individus de cette race, cela a donné occasion à ce qu'on nomme ici les *épreuves*, et à des paris, qui font l'objet d'un amusement, auquel on se livre avec une sorte d'enthousiasme.

Pour faire ces épreuves, deux ou trois habitans fournissent un nombre égal de jeunes pigeons de vingt-huit jours. On les met dans un colombier particulier, où on leur donne une nourriture suffisante, et on les laisse tranquilles pendant quatre ou cinq jours.

A peine y sont-ils un peu habitués, qu'on les fait sortir tous les jours pendant quelques heures, et l'on continue ce manège jusqu'au quinzième jour. Alors on les transporte à une lieue de distance dans une cage, d'où on les lâche aussitôt pour éprouver la force de leur instinct.

Alors il est question de savoir quel est le propriétaire auquel il en est revenu en plus grand nombre, et celui-là gagne la gageure. On répète les mêmes épreuves pendant quelques jours, et l'on en recommence une nouvelle, si la première n'est pas décisive. Cela a lieu trois, quatre et cinq fois, mais toujours à de plus grandes distances; on fait revenir les pigeons quelquefois de douze *leguas*. On n'a point égard aux accidens qui peuvent arriver; comme de la part des oiseaux de proie, attendu que les deux partis courent un risque égal.

Dans les villes, on fait une autre sorte d'épreuves, avec des troupes entières. Pour cela, plusieurs particuliers lâchent ensemble tous leurs pigeons, de manière qu'il faut nécessairement qu'ils se confondent. Pour augmenter encore le désordre, les deux partis font, avec l'aide de leurs voisins, un vacarme affreux en frappant des mains, en tirant des coups de fusil; pour que la troupe s'entre-mêle et que chaque paire se disperse et se sépare.

Vient alors le moment de l'épreuve et

de la décision des paris. A l'instant où le mélange et la confusion sont à leur comble, chaque propriétaire, au moyen de son signal particulier, rappelle ses pigeons dans le colombier.

Soudain vous voyez voleter et se partager toute cette nuée de pigeons, former des groupes particuliers, et ensuite se rejoindre en deux grandes troupes, dont chacune cherche à retourner dans son habitation.

Cependant, comme toujours dans l'une ou l'autre de ces troupes il se trouve quelques pigeons plus lents ou moins bien appris, il faut nécessairement que l'un ou l'autre des propriétaires perde la gageure. Par conséquent tous les pigeons étrangers qui sont entrés dans le colombier du voisin, doivent se racheter chacun en particulier dans les vingt-quatre heures moyennant douze *quartos*, autrement ils sont réputés de bonne prise.

Quant à ce qui concerne les *postes de pigeons*, c'est précisément la même chose que dans l'Orient. On enveloppe la patte droite d'un pigeon de *raza*, dressé à cela, d'une lettre qui a la forme d'une bande étroite, et on le renvoie dans son gîte ordinaire. Il arrive avec une rapidité étonnante (1); dès l'instant qu'il entre dans le colombier, il se laisse prendre sans difficulté, et deux ou trois jours après on le reporte au lieu de son départ.

Ces postes de pigeons sont quelquefois dans des occasions pressantes de la plus grande utilité; et dans la dernière guerre on a expédié par ce moyen plusieurs dépêches importantes.

~~~~~~~~~~~~~~~

Monnaies, Mesures, Poids.

On compte ici les monnaies ordinaires de l'Espagne, soit réelles, soit idéales, d'après un taux tout-à-fait différent; savoir, par

---

(1) Un pigeon de poste fait, d'ordinaire, un chemin de 7 à 8 *leguas*, (10 à 12 lieues) en 43 ou 50 minutes.

Libras, *Réaux*, *Sueldos* et *Dineros*, dans la proportion suivante :

Une *Libra* de Valence à 10 Réaux de V.
Un *Réal*, ... 2 Sueldos de V.
—— *Sueldos*, ... 12 Dineros de V.
—— *Dinero* est , . . . 1 Ochavo de V.

Il faut observer ici 1) que parmi ces monnaies il n'y a que les *Dineros* qui soient une monnaie effective ; savoir les *Ochavos* d'Espagne ; et 2) qu'une *Libra* de Valence vaut à-peu-près 1 *Rixdaler* 11 *Pennings*, de monnaie de Saxe, (environ 4 Livres tournois 11 deniers.) — D'après cette base, on évalue les monnaies d'Espagne au taux suivant :

Monnaies d'or.

	Libras.	Real.	Sueld.	Din.
1) Un *Doblon* de 8 *Escudos* ou *Quadruples* (*Uncia de oro*) de 16 piastres,	21 $\frac{1}{4}$.	212 $\frac{1}{2}$.	475.	5440.
2) Un *Doblon* de 4 *Escudos* ou *Doppia* de 8 piastres,	10 $\frac{5}{8}$.	106 $\frac{1}{4}$.	212 $\frac{1}{2}$.	2720.

3) Un *Doblon* de 2 *Escudos* ou une pistole simple de 4 piastres, $5\frac{1}{16}$. $53\frac{1}{8}$. $106\frac{1}{4}$.   1360.

4) *Un Med. Doblon* ou *Escudo d'oro* ou une demi-pistole d'Espagne de 2 piastres, $2\frac{21}{32}$. $26\frac{9}{16}$. $53\frac{1}{8}$.   680.

5) Un *Veinteno* ou *Coronilla*, de 1 piastre, $1\frac{21}{64}$. $13\frac{9}{32}$. $26\frac{1}{5}$.   340.

Monnaies d'argent.

1) Un *Peso duro* ou piastre, $1\frac{21}{64}$. $13\frac{9}{32}$. $26\frac{9}{16}$.   340.

2) Un *demi-Peso*, $6\frac{41}{64}$. $13\frac{9}{32}$.   170.

3) Un *quart de Peso*, ou *Pesetta columnaria*, $3\frac{41}{128}$. $6\frac{41}{64}$.   85.

4) Un *huitième de Peso*, ou *Real de Plata columnaria*, $1\frac{160}{256}$. $3\frac{41}{128}$. $42\frac{1}{2}$.

5) Un *seizième de Peso*, ou *Medio Real de Plata columnaria*,   — $1\frac{160}{256}$. $21\frac{1}{4}$.

6) Une *Peseta*, $2\frac{21}{32}$. $5\frac{1}{16}$.   68.

7) Un *Real de Plata*, $1\frac{21}{64}$. $2\frac{21}{32}$.   34.

8) Un *Real de Vellon*,   — $1\frac{21}{64}$.   17.

9) Un *demi-Real de Vellon*,   —   — $8\frac{1}{2}$.

Q 4

Monnaies de cuivre.

1) **Deux Pièces de Quarto**, ... 4.
2) **Le Quarto**, ... 2.
3) **Le Ochavo**, ... 1.
4) **Le Maravedi**, ... $\frac{1}{2}$.

Pour ce qui concerne la proportion entre les monnaies de change avec les *Libras de Valence*, il suffira de savoir, que

272 *Ducados de Cambio* forment, ... 375 Libras.
156 des mêmes, ... 1815 Réaux.
8 *Ducados de Plata*,   11 Libras.
256 *Ducados de Vellon*,   187 Libras.
156 *Escudos de Vellon*,   85 Libras.
4 *Réaux de Plata*, . .   5 Réaux.
64 *Réaux de Vellon*, .   85 Sueldos.

Cent *Libras de Valence* font par conséquent à-peu-près 103 *Rixdalers*, 20 *gros* de monnaie de Saxe, (à-peu-près 414 Livres tournois.)

Mesures.

Les mesures de longueur sont la *Vara* de 4 *Palmos*. Vingt-neuf *Varas* de Valence forment trente-neuf aunes de Leipzic.

La mesure des bleds est le *Cahiz*, en Valencien, *Caffise*. Il contient douze *Barchillas* ou *Barsellos.*, et peut équivaloir une *Last* d'Hambourg.

La mesure du vin, de l'eau-de-vie et du vinaigre est le *Cantaro*, dont cinquante forment une *Pipe*, et cent, un *tonneau*. On peut l'évaluer à 12½ *Quarts* de mesure d'Hambourg.

Poids.

On a du poids *fort* et *léger* (*Peso grueso* et *sutil*) à l'égard de quoi nous observons:

Qu'un *Cargo* contient 2½ *Quintals* ou quintaux, c'est-à-dire, 240 Livres *pesant*, ou 560 Livres *légères*; qu'un *Quintal* contient 4 *Arrobes*; c'est-à-dire, 96 Livres *pesant*, ou 144 Livres *légères*.

Qu'une *Arrobe* contient 24 Livres *pesant* ou 56 Livres *légères*.

Qu'une *Livre pesant* contient 1½ Livres *légère*, ou 18 *onces*; qu'une *Livre légère* contient 12 *onces*.

Change.

Valence ne tire que sur *Alicante*, et

Alicante sur *Madrid*, *Barcelone*, *Gênes*, *Amsterdam*, *Livourne*, *Londres*, *Paris* et *Marseille*.

~~~~~~~~~~~~~~~~

Amour espagnol.

Dans cette contrée tout arrive au plus haut degré d'énergie et de beauté : ainsi que le physique se développe dans sa plénitude, de même le moral s'y montre dans toute sa perfection. Il fallait donc que le sentiment, cette fleur délicate, y fût aussi plus plus brillant que par-tout ailleurs.

O amour, enfant privilégié de la nature et de la vie ! celui qui veut connaître ton prix, doit s'empresser de visiter ton asile chéri, le pays enchanteur de Valence. Que cette attraction secrète, par laquelle la nature unit les deux sexes, soit un attrait moral ou sensuel, ou qu'elle soit un mélange de tous les deux, peu importe ! mais ce sentiment s'embellit ici de tout le prestige de l'enthousiasme et des illusions romantiques.

Ce qu'il y a de plus sublime et de plus intime dans l'amour, semble être l'appanage de ce sexe charmant, où la nature déploie son luxe et sa magnificence. Tout, dans la femme, est plus délicat, plus doux, plus pur que dans l'homme ; son ame sent plus vivement, avec plus d'entraînement et de poésie.

Que dire de ces femmes du Midi, des Valenciennes ? Leur climat inspirateur, leur religion mystérieuse, leurs légendes romanesques, tout donne à leur imagination un vol, une richesse, une activité qu'il est impossible de décrire. La Ste. Vierge et le ciel, le bien-aimé et ses doux épanchemens, tous ces objets à la fois se confondent dans leur ame, et s'amalgament pour des jouissances que le cœur seul des femmes peut réunir.

Transport extatique !.... Ah, quelle main serait assez barbare pour vouloir détruire cette illusion enchanteresse ! Gardons-nous de soulever le voile mystérieux qui cache ce chef-d'œuvre de la nature ! Bienheureux celui à qui il est donné d'aimer sous ce ciel fortuné ! Trois fois heureux celui qui

peut plaire à ces femmes célestes, et réussir
à s'en faire aimer !

~~~~~~

Pias fundaciones.

Ainsi se nomment les nouveaux hameaux
établis par le cardinal Don *Francisco de
Belluga* entre *Elche* et *Orichuela*. Ce district peut avoir, à-peu-près, deux *leguas*
de circonférence ; sa population va à quatre mille cinq cents ames. Le sol en est
extrêmement fertile, parce que la *Segura*
arrose toute la contrée.

On porte le produit net de 1796 à 5,600
cahizes de froment ; 3,000 livres de soie ;
2,400 arrobes d'huile ; 8,000 arrobes de *Sosa*
et *Barilla* ; à 8,000 arrobes de figues et de
pêches ; à 7,000 douzaines d'oranges ; à
560,000 arrobes de différens légumes ; à
1,800 cantares de vin, etc.

Voilà le *pias fundaciones* ! C'est le produit d'un district qui, il y a trente ans,
n'offrait que des landes stériles. Le généreux
cardinal *Belluga* ne pouvait donner un

meilleur exemple à son clergé; il ne pouvait ériger un monument plus durable de son caractère bienfaisant.

~~~~~~~~~~~~~~~~~~

Les fiançailles.

Parmi cette foule d'institutions et d'usages romantiques qui, de tems immémorial, existent dans le Midi, et que le sentiment a créés et conservés pour charmer et embellir la vie, nous aurions tort d'oublier les *fiançailles*, ces aimables préliminaires de l'hymen, souvent plus doux et plus enchanteurs que l'hymen même. Nous allons tracer en peu de mots ce qui concerne cet objet.

Deux jeunes amans sont d'intelligence. Leurs cœurs se sont parlé, leurs parens sont d'accord, il ne manque plus que l'inauguration et la solemnité poétique, destinée à publier leur union. On fixe une soirée pour la cérémonie, qui a lieu de la manière suivante :

Le futur, accompagné d'un *troubadour*

et de quelques amis, se rend devant la
porte de sa belle, ayant soin d'emmener
avec lui des musiciens et des gens avec des
flambeaux ; en un mot, de se pourvoir de
tout ce qui peut contribuer à la pompe
et à l'éclat de la fête. Tout le cortège
étant arrivé, on forme un cercle autour
de la maison, parée de guirlandes et de
fleurs. Le troubadour s'avance à côté du
futur, et entonne pour lui l'hymne des
fiançailles :

> Dépositaire de mes vœux,
> Témoin de ma longue constance,
> Lyre, interprète de mes feux
> Et de ma timide espérance !
>
> Dis à la nuit chère aux amans,
> D'aller à celle que j'adore,
> Présenter mes soupirs brûlans,
> Sur son aîle noire et sonore.
>
> O nuit ! voici l'instant heureux
> Où les doux zéphyrs la révèrent,
> Répète-lui ce que mes yeux
> Tant de fois aux siens exprimèrent.

C'est dans des strophes de ce genre que
l'amant continue à peindre son amour et les
attraits de sa Dulcinée. Bientôt l'inspiration

croissant par degrés, il compare l'air, la
taille, le port de son amante au palmier
majestueux; ses lèvres à l'incarnat du co-
rail ou de la grenade; enfin, il la vante
comme un modèle achevé de perfection.
Après avoir décrit ses charmes extérieurs,
il en vient aux qualités intellectuelles et
morales; il célèbre sa douceur, sa modestie, sa propreté, relevant chaque éloge par
des similitudes tirées de la colombe, de
l'hirondelle ou du cygne. Enfin, il conclut
en disant que son amante réunit toutes les
grâces, tous les talens et toutes les vertus;
qu'elle est la seule femme qui lui semble
telle; en un mot, la femme par excellence.
Quand le troubadour a cessé de chanter,
le futur frappe à la porte en appelant la
belle par son nom trois ou quatre fois,
selon qu'elle résiste davantage et se montre
plus ou moins rebelle à ses desirs impa-
tiens. Elle cède enfin; le store d'esparte
s'abaisse, une jolie tête sort de la fenêtre,
et demande: que veut votre Seigneurie?

C'est toi, c'est toi, ma belle enfant!

s'écrie alors le futur, comme hors de lui-
même; puis aussitôt de décrire ses feux

qui, comme on se l'imagine bien, sont plus ardens que le soleil de thermidor. Alors, pour engager sa jeune amante à répondre à la violence de sa passion, il enfile une foule de lieux communs et d'exemples irrécusables, tels que ceux-ci :

Au ciel les astres radieux,
Se pressent l'un vers l'autre en leur marche éternelle.
Ici d'un choc impétueux
L'onde à l'onde murmure une ardeur mutuelle.
Tel est du sentiment l'instinct impérieux !
Le chêne même à son langage,
Et dans son transport amoureux,
La branche à sa voisine unit son vert feuillage ;
Et près du ruisseau gazouillant
La fleur modeste et virginale
Trompe le Zéphyr inconstant,
Et d'un chaste baiser féconde sa rivale.

Mais il ne s'en tient pas là ; bientôt il parcourt toute l'économie du règne animal, et il lui peint successivement l'attraction qu'éprouvent les différens êtres.

Entends-tu roucouler la colombe naïve ?
Entends-tu dans nos bois Philomèle plaintive ;
Et par-tout de l'amour les dociles enfans,
Du desir créateur soupirer les accens ?

Enfin, il en vient à l'application, et il se

se tait en attendant qu'il plaise à sa bien-
aimée de lui dire ce qu'elle en pense.

« Que puis-je vous dire ? » reprend-elle,
avec une modestie de commande ; « je suis
encore bien jeune. Va-t-on arracher la jeune
colombe de dessous sa mère et cueillir un
bouton qui ne s'ouvre pas encore ? D'ailleurs, dois-je savoir qui vous êtes ? Voyons,
d'où viens-tu, qui es-tu ? » On imagine la
réponse de l'amant et quel en est le résultat ; mais il est dans l'ordre que la belle
résiste encore quelque tems avant que de
capituler. Enfin, elle se rend aux puissans
argumens de son aimable séducteur. Alors
elle détache la couronne de fleurs qui
orne sa chevelure et la jette à l'amant
heureux qui jure de lui être à jamais
fidelle.

A ces mots tous les musiciens font entendre une brillante symphonie ; toutes les
croisées étincellent de mille lumières. Les
parens alors tirent par la main leur fille
honteuse et confuse, et font entrer le fiancé
comme en triomphe avec tout le cortège.
La cérémonie finit par un bal superbe,
avec rafraîchissemens en abondance, et tout

R

le voisinage retentit de cris d'alégresse,
de boîtes, de pétards et de feux d'artifice.

~~~~~~~~~~~~~~~~~~~~~~

Bannos de la Reyna.

On donne ce nom aux ruines d'un ancien
bain romain qui se trouve proche le promontoire de *Hifac*. Ce bain était construit
sur la pente d'un côteau, et consistait en
six compartimens. L'ensemble forme encore
un carré oblong de quarante pieds de long
sur dix – sept de large, dont les quatre
murailles principales ont un pied et demi
d'épaisseur.

L'eau y était conduite du côté du Midi
et du Couchant, au moyen de deux canaux qui, à présent que la mer s'est re-
tirée, sont presque à sec. Il faut dire la
même chose d'un autre grand canal, tout
proche de ces bains, qui va se rendre à la
mer. Il est probable qu'autrefois il servait
aux embarquemens.

Dans le voisinage et tout autour de ces
bains on trouve quantité de débris d'anciens bâtimens revêtus en partie du plus

beau marbre. Le plus remarquable est un ancien théâtre qui, selon toute aparence, était jadis tout près du rivage, mais dont on ne saurait deviner ni la forme ni la grandeur, les degrés étant absolument délabrés.

Si l'on en croit *Esculano*, ancien écrivain espaguol, on a trouvé, sous *Philippe II*, dans ces ruines, plusieurs compartimens de mosaïque, dont on s'est servi pour orner un château royal dont le nom m'est échappé.

Le voyageur pensif passe lentement sur ces témoins muets, mais éloquens, de la fragilité humaine, et cueille, sur ces restes épars de la magnificence romaine, la petite fleur qu'on appelle *modestie*.

~~~~~~~~~~~~~~~~~~~

Noces.

Il n'a jamais existé de peuple où le mariage n'ait eu ses solemnités; tant les cérémonies que l'on allie à cette charmante époque de la vie, semblent tenir au sentiment.

R 2

Je le répète, il n'y a point de nation qui n'ait en ce genre ses cérémonies, adaptées au climat ; elles offrent des nuances plus ou moins sentimentales, plus ou moins poétiques, selon les mœurs des diverses nations.

Appliquez cette observation à Valence, et vous ne serez pas étonné de retrouver en cela, comme en d'autres objets, le caractère pastoral des anciens peuples du Midi. Laissons de côté les fleurs, les festins, les jeux, les danses d'une noce valencienne ; mais arrêtons-nous à cet instant enchanteur qui, pour deux cœurs bien assortis, est le prélude mystérieux d'une troisième existence.

Voilà minuit ; le futur époux, aidé de ses amis, a dû, non sans peine, arracher la fiancée des mains de ses compagnes fidelles ; alors, tel que Zéphyre, il la transporte en triomphe sur la terrasse de la maison où l'on a dressé le lit nuptial, surmonté d'un dôme de fleurs (1). C'est là que,

_____

(1) Ordinairement les mariages ont lieu dans les mois de mai et de juin.

sous la voûte étoilée et dans le calme voluptueux de la nature, environné de roses odorantes, et rafraîchi par la douce haleine des zéphyrs !...... ma plume s'arrête, car la pensée même profanerait cette jouissance qui influe sans doute d'une manière inéfable sur l'être fortuné, qui reçoit la vie sous de si rians auspices. Aux feux de l'aurore, le couple amoureux abandonne cette couche aérienne et digne de nos premiers parens ; et ils descendent dans la maison où, peu-à-peu, les convives se réunissent pour le déjeûner, et où les jeunes filles viennent présenter à leur défunte compagne un joli berceau d'*esparto*. La journée se passe ensuite en amusemens, en courses de chevaux, en parties de ballons, en spectacles ; enfin, c'est un cercle et une succession variée de plaisirs.

Heureuse épouse ! elle est devenue mère au milieu des fêtes et des ravissemens. Sa grossesse s'écoule dans la gaîté et l'espérance : le doux fruit de l'hymen s'échappe de son sein, sans douleur comme sans danger ; semblable à la fleur naissante qui entr'ouvre son jeune calice. Union ravissante !

R 5

pays enchanteur! Tristes habitans du Nord, cessons de nous étonner si, avec nos mœurs empesées, l'esprit est chez nous si rare et le génie exotique!

~~~~~~~~~~~~~~~

El Turia.

C'est le nom de la rivière qui baigne les murs de Valence, et qui, à cause de ses eaux peu profondes, était appelée par les Maures *Quadalaviar*. Cette rivière prend sa source dans l'Arragon, et après avoir traversé cette province d'un bout à l'autre, elle se perd auprès du *Groa*, dans la Méditerranée.

On sait que le *Turia*, dans toute l'étendue de son cours, mais principalement dans la *Huerta de Valencia*, sert à l'arrosement des terres; voilà pourquoi, pendant sept mois de l'année, même près de son embouchure, il n'a guère que deux pieds et demi d'eau, et n'est nulle part navigable.

En récompense, dans l'hiver, il grossit prodigieusement, surtout dans les mois de janvier et de février , pendant lesquels il tombe des pluies fréquentes dans les montagnes. Alors le *Turia* inonde toute la *Huerta* et couvre même quelquefois une partie de la ville de Valence.

Voilà ce qui explique pourquoi les cinq ponts de Valence sont si massifs et d'un si dispendieux entretien. Au reste, le *Turia*, dans les mois de mars et d'avril , lorsque ses eaux sont d'une médiocre profondeur, sert à approvisionner la ville d'une quantité considérable de bois flotté.

Jadis les rives supérieures de ce fleuve étaient entièrement couvertes de plantations de riz, qui, comme nous l'avons dit ci-dessus, étaient très-pernicieux à la santé des habitans. Depuis vingt ans on a abandonné cette culture, et depuis on compte dans cette contrée une population presque double.

R 4

Asuncion de Nuestra Sennora.

C'est la fête de l'Assomption de la Sainte Vierge, qui dans l'église catholique se sélèbre le 15 du mois d'août, et qui est aussi une des principales fêtes de Valence.

Elle commence toujours par une procession solemnelle. Les rues sont jonchées de fleurs, les balcons ornés de riches tapis, les boutiques décorées de glaces; enfin, toute la ville annonce les transports et l'alégresse.

Cette procession réunit tout ce que le culte catholique offre de plus brillant, la musique, l'encens, les ornemens superbes; enfin, tout ce qui peut ajouter à l'illusion religieuse. Rien, cependant, ne distingue davantage cette fête qu'un groupe de nuages, supporté par des hommes cachés, et que l'on fait mouvoir par un mécanisme intérieur.

Au haut du nuage on voit en pompe l'image de la Madone, qui semble se balancer et s'élever majestueusement dans les airs.

Les églises sont toutes décorées avec le même éclat, surtout l'église principale, où la procession termine sa course. Tous les piliers sont tapissés de damas vermeil; toutes les images illuminées avec des girandoles. Le chœur est garni d'orangers, et le maître-autel tout resplendissant, sous une pyramide de lampions.

Mais ce qui frappe surtout l'étranger, c'est une multitude de serins de Canarie qui voltigent çà et là dans l'église, avec des bandes de papier doré, qu'on leur attache à la queue. Il est du bon ton à Valence de tâcher d'attraper un de ces oiseaux pour en faire cadeau à sa belle; ainsi, chacun de son côté s'empresse de leur faire la chasse.

La matinée se passe dans ces actes religieux; toute l'après-dînée est consacrée aux plaisirs profanes. On assiste aux courses de chevaux, aux arbres de cocagne, aux combats à coups de poings; on fait ensuite une procession solemnelle de *Maestranza*, ou bien on danse un ballet à la mauresque. Alors toute la ville est en l'air, et le peuple fourmille dans les rues comme des essaims d'abeilles.

A la nuit les illuminations commencent. Par-tout on voit des pyramides de lampions, des transparens, etc.; ajoutez à cela les étoiles étincellantes sur l'azur rembruni des cieux et les croix des clochers tout en feu; et vous vous formerez une idée de ce spectacle véritablement pompeux. C'est alors que tout se livre à la joie, jusqu'à ce qu'enfin un feu d'artifice vienne terminer ce beau jour.

Assomption de la Vierge!.... Un hérétique a beau se renfrogner à cette idée; elle n'en est pas moins poétique. Quelle image touchante et sublime! La vie pure et céleste de la mère de Dieu, pouvait-elle se terminer autrement que par cet évènement pompeux? Celle qui a enfanté le Sauveur que les Chrétiens adorent, ne devait elle pas obtenir un triomphe aussi glorieux? Encore une fois, quelle que soit notre résistance à nous prêter à ces dogmes, il faut convenir cependant, qu'ils ont été parfaitement bien adaptés aux imaginations ardentes du Midi.

Différentes routes de voyage.

I. *D'Arragon à Valence.*

1) *Route de Poste pour les gens à cheval.*
On quitte *Aranjouez* pour traverser un pays peu peuplé et assez aride, par *Villa Maurique*, *Fuentiduennas*, *Taracon*, *Villarubio*, *Ueles*, *Saylices*, etc. à *Campillo*. On prend ordinairement son premier gîte dans la bourgade *Saylices*, et le second à *Campillo* où la Posada est assez propre. Au reste, ces lieux n'offrent rien de remarquable.

La troisième journée est extrêmement pénible ; car il faut passer par une chaîne de montagnes, connues sous le nom de *Corteras*. Toute cette contrée est peu agréable ; cependant on voit par-ci, par-là, quelques vallons intéressans et pittoresques. On passe par *Villagordo* pour aller à *Requenos*, bourgade petite, mais aisée, où l'on peut faire la troisième couchée.

La quatrième journée conduit sur une seconde chaîne de montagnes, les *Cabrillas*. Là, on entre dans la province de Valence, et l'on arrive sur le soir à la *Venta del Relator*. De là, il y a encore trois heures jusqu'à *Chiva*, et huit heures jusqu'à *Valence*; chemin qu'on fait ordinairement sans s'en apercevoir, par les plus belles routes, et dans des contrées, qui ressemblent à un paradis terrestre.

Sur cette route, qui est de cinquante-quatre *leguas*, il faut observer qu'on peut la faire à cheval et par les relais ordinaires. Il faut compter la dépense à-peu près à dix réaux (16 gros de Saxe. — 64 sous) par *legua*, et surtout être bon voyageur à cheval.

2) La *Chaussée nouvelle*.

Cette route est à la vérité de sept *leguas* plus longue que la précédente; aussi n'y trouve-t-on point de poste; mais les chemins sont excellens, et à l'exception de la *Mancha*, il y a de très-bonnes auberges.

On a neuf heures jusqu'à *Corval*, où ordinairement l'on prend son premier gîte. Alors on arrive le lendemain par la *Mata* et *Pedruera*; la troisième journée va par *Minaya* jusqu'à *Roda* et *Albacete*. Là les auberges commencent à devenir commodes, et l'on y trouve des lits très-propres ; enfin, tout ce qui peut satisfaire le voyageur.

La quatrième journée conduit jusqu'à *Chinchilla* ; la cinquième jusqu'à la *Venta del Rey* ; la sixième ne va ordinairement que jusqu'à *Alciva* ; de manière que l'on arrive le septième jour de très-bonne heure à *Valence*. Si l'on veut louer pour soi et sa famille un *Coche de Colleros*, il faut dépenser au moins seize piastres par jour ; mais si l'on se contente de payer une place dans une voiture de retour, on fera sa journée avec deux piastres et demie ; et si l'on prend un *Calesino* à sa disposition, on peut fournir à sa dépense avec quatre piastres par jour ; avec un *Calesino* de retour, on en est quitte pour une piastre et demie ou deux piastres par jour, etc.

II. *De Bilbao ou de Bayonne à Valence.*

On passe par *Saragossa* ; ce qui fait cinquante-six *leguas*, et on trouve souvent des occasions à *Bibao*. De *Saragossa* on a, par le *Camino de Horraduros*, où l'on ne va qu'à cheval, encore quarante-cinq *leguas*, et par le *Camino de Ruedas*, c'est-à-dire, sur la grande route, encore quarante-neuf *leguas* jusqu'à Valence.

III. *De Cadix à Valence.*

Si l'on veut passer le long de la côte, on peut aller par *Malaga*, *Carthagène* et *Alicante* ; on a alors jusqu'à *Malaga*, trente - trois *leguas* ; de là à *Carthagène*, soixante-dix ; de là à *Alicante*, dix-huit ; et de ce dernier endroit à *Valence*, vingt-sept *leguas*. Ou bien ou traverse l'*Andaloussie* et la *Mancha*, et l'on prend alors la route ordinaire par *Albacete* : là on a de *Cadix* jusqu'à *Cordoue*, trente-six *leguas* ; et de là jusqu'à *Valence*, soixante-dix-huit *leguas*. En tems de paix et dans l'été, on peut aussi aller de *Cadix* ou *Malaga*, par mer ; et pour douze ou seize piastres on trouve chaque jour des occasions.

IV. *De Perpignan à Valence.*

On prend le chemin ordinaire sur *Figueras*, *Gerona*, etc., jusqu'à *Barcellone*, ce qui fait trente *leguas*, d'où l'on n'a jusqu'à *Valence* que cinquante-cinq *leguas*. Eu tems de paix et pendant l'été, on peut aussi aller de *Barcellone* à *Valence* par mer, et l'on en trove fréquemment des occasions par les petits caboteurs, au prix de six à huit piastres. Il faut seulement se pourvoir d'un matelas et de quelques provisions de bouche; alors on peut se rendre à Valence en deux jours et demi.

Au reste, *Valence* est éloignée de *Murcia* de trente-deux *leguas*; de *Madrid*, cinq *leguas*; de *Grenade*, de soixante-quatre *leguas*, etc. Si l'on veut des occasions par des voituriers ou des muletiers de Madrid, on peut s'adresser à la *Meson de Arze-milleria*, dans la *Calle de Toledo*, où il s'en trouve journellement.

Vieillesse.

S'il est un climat idéal, particulièrement adapté à l'espèce humaine, il doit, sans contredit, exister à Valence. Là tout se réunit pour le développement, la perfection et la conservation de notre frêle machine. Les vieillesses y sont communes, et les plus grandes longévités assez fréquentes.

Qu'on aille à *Chiva*, à *Bursajot*, à *Gandia*, etc.; qu'on parcoure cette superbe côte; par-tout on rencontre des vieillards de soixante-dix à quatre-vingts ans, auxquels on en donnerait à peine cinquante; par-tout on entend parler d'hommes parvenus à l'âge de cent vingt, que dis-je, même de cent quarante ans, et qui jouissent d'une vieillesse gaie, verte et active.

Notre célèbre médecin *Hufeland* (1) a expliqué suffisamment ce qui concerne les effets du climat sur l'âge et de l'influence des alimens. On appliquera ces observations au climat, etc. de Valence; tout ce que nous pourrions ajouter, serait superflu. Au lieu de ces détails, nous donnerons ici quelques exemples d'un âge extraordinaire en cette contrée, que nous avons recueillis et

---

(1) Auteur d'un ouvrage renommé, intitulé: *Sur l'art de prolonger la vie*, dont il a paru depuis peu une traduction française. (*Note du Traducteur.*)

que

que l'on pourra ajouter aux exemples déjà connus.

En 1696 il mourut à *Gandia* une femme âgée de cent vingt-trois ans, nommée *Maria-Franzisca Tosca*, laquelle, jusqu'à son dernier moment, avait conservé ce parfait usage de ses sens, à l'exception de l'ouïe. Pendant la majeure partie de sa vie, elle n'avait jamais suivi de régime particulier ; mais dans ses dix dernières années, elle n'avait vécu que de pain et de fruits : ce qui est remarquable, c'est qu'une paralysie qui, à quatre-vingt-six ans l'avait rendu percluse de ses membres, avait cédé six mois après, sans aucun remède, à la force de son tempérament, et que, lorsqu'elle fut obligée de se faire couper, à quatre-vingt-dix-sept ans, son épaisse chevelure noire, à cause d'une blessure qu'elle s'était faite à la tête, ses cheveux crûrent de nouveau et devinrent en très-peu de tems très-beaux.

A *Benimamet* mourut, en 1799, à l'âge de cent vingt ans, *Antonio Navarete*, qui jusqu'à sa soixantième année, avait été matelot, et qui à quatre-vingts ans portait

S

sur son dos de très-gros paniers de poissons. A quatre-vingt-six ans il pouvait encore, à une portée de canon, reconnaître du rivage les pavillons de vaisseaux qui passaient, et à quatre-vingt-dix ans il faisait presque tous les jours environ une *legua.* (une heure et demie.) Il avait été marié trois fois et avait eu son dernier enfant à l'âge de soixante – quatorze ans. Il n'avait non plus jamais suivi de régime particulier ; mais il avait toujours eu un dégoût décidé pour les liqueurs fortes. Il mourut d'une fracture à la cuisse, sans avoir jamais été malade.

A *Moxente* vivait, en l'an 1798, un ancien vigneron qui, à soixante – huit ans, le disputait à la course à des hommes de cinquante-deux ans. A quatre-vingt-seize ans il avait conservé toutes ses dents, et étant centenaire, il allait tous les jours aux champs. Depuis cette époque il s'occupait à faire des tissus d'*esparto*, et à ce travail il gagnait par semaine jusqu'à douze réaux. Si l'on en croit le public, il n'avait pas connu de femme avant trente ans, et n'avait vécu, jusqu'à soixante-dix ans, que de fruits, de pain et de fromage.

Je finirai par un exemple extraordinaire, dans la personne de la Sennora *Maria-Augustina Neroz*, qui mourut, en 1800, à *Chiva*, âgée de *cent quarante-deux* ans. Elle avait été marié à vingt-cinq ans; elle avait eu huit enfans; dans sa soixantième année, après le décès de son mari, elle eut encore une fois les signes de la maternité. Son aliment favori était le lait de chèvre, auquel elle ajoutait quelquefois des sardines frites. Jusqu'à cent onze ans elle faisait ordinairement toutes les semaines un chemin de deux *leguas* et demie, et jusqu'à sa centième année elle gagnait tous les jours deux réaux à des travaux d'*esparto*. Seulement deux jours avant sa mort, elle perdit la vue et l'ouïe, et elle passa presque insensiblement pendant le souper.

Ces exemples, qu'on pourrait aisément multiplier, suffiront sans doute, pour prouver l'excellence du climat et son influence sur la longévité. Quelle différence, en comparaison du Nord, où la vieillesse est presque toujours triste et l'âge avancé proportionnellement bien plus rare !

O Valence ! pays de la santé, du bienêtre, de la vie patriarchale ! c'est là où l'on doit se réfugier, pour y attendre sans crainte le terme fatal. Construisons-y nos tabernacles, pour y retrouver, au sein de la nature bienfaisante, des jouissances oubliées ou affaiblies ! C'est là que le trépas n'a rien d'affreux, et qu'on peut s'abandonner avec confiance dans les bras de ce dernier ami de la pauvre humanité.

Noche Buena.

On ne saurait imaginer une fête plus naïve, plus religieuse, plus adaptée à l'homme, et plus propre, pendant le sombre hiver, à ressusciter la vie et la joie dans nos cœurs, que celle que nous venons de nommer ; je veux dire, la fête de Noël.

Cependant, que sont tous les agrémens que dans le Nord toutes les familles réservent pour cette époque ; en comparaison

de ceux qu'offre le Midi à cette occasion ?
Archangel et Valence, quel contraste !
Comment exprimer les sensations que l'on
éprouve en célébrant la fête de Noël au
milieu des bouquets, des guirlandes et des
arbres en fleurs , comme au beau milieu du
mois de mai !

Alors, toute la ville de Valence respire
le contentement et la gaîté. Dans tous les
marchés on construit de petits théâtres
ornés de crèches (1), devant lesquelles des
chœurs de musiciens viennent chanter des
pastorales. Par-tout l'on entend des pétards,
des cris de joie et des Noëls (2) ; toute personne un peu aisée donne à ses amis le
festin de Noël.

Dans les maisons riches vous y voyez la
plus grande magnificence. Toutes les terrasses sont illuminées avec des lampions ,
et garnies de transparens de mille formes
diverses ; on représente de petites comé-
dies , on y donne de splandides raffraîchis-
semens , et l'habitant du Nord est tout

(1) *Nacimientos.*
(2) *Villancicos.*

S 5

étonné de voir les tables garnies de fleurs et de fruits qui offrent le mélange le plus brillant et le plus exquis.

Le repas fini, on se livre aux jeux de *Santos* et d'*Estrechos* (1) ; on danse le *Wolero* ; on va faire des visites aux voisins; on se promène dans les rues à la clarté des flambeaux et au son des instrumens. On s'y fait mille badinages avec des confitures, des dragées, des grelots, etc., qu'on se jette l'un à l'autre avec une gaîté et une cordialité mutuelle.

Rien de plus beau que de contempler la soirée de Noël la ville et la *Huerta* de Valence de dessus une hauteur. Ce n'est qu'une masse immense de feux, d'où s'échappent par intervalles des fusées et des globes lumineux. C'est par-tout un bourdonnement général et continuel, renforcé de tems en tems par des détonnations innombrables.

On gagne ainsi l'heure de matines ; alors tout le monde se rend en foule dans les

_____

(1) Nous les avons décrits plus au long dans notre *Tableau de Madrid.*

églises, supérieurement illuminées. Si la religion consiste dans le tumulte et la gaîté, il est impossible de voir nulle autre part un peuple plus dévotieux. Mais, gare aux oranges et aux noisettes! personne n'en est exempt, pas même les prêtres qui célèbrent la messe. Mais gare aussi aux sirènes avec leurs *Commigos* (1); dans ces nuits de Noël elles redoublent leurs pièges, et que Dieu vous préserve d'y tomber!

Comparaisons.

Voyageurs, allez à *Hières*, à *Nice*, à *Montpellier*, et, si vous savez comparer, vous déciderez si la préférence ne doit pas être donnée à *Valence* !

Commençons par *Hières*. Sans doute le climat y est délicieux ; cependant les hivers ne laissent pas d'y être quelquefois un peu rudes. Notre *Sulzer* (2) y a vu de

(1) *Voulez-vous venir avec moi?*

(2) Philosophe célèbre allemand, qui a publié un *Voyage*, qu'il avait fait pour rétablir sa sante, *aux îles d'Hières.* (*Note du Traducteur.*)

S 4

la neige au mois de décembre ; phénomène pénible pour tout homme souffreteux.

Ensuite, quoique la contrée soit réellement très-belle, *Hières* n'en est pas moins un endroit restreint, dénué de toutes ressources pour les commodités de la vie, et où il fait assez cher vivre. Enfin, on n'y saurait exister avec quelque bien-être, que dans l'hiver, eu égard aux chaleurs de l'été, qui sont très-malfaisantes à cause du voisinage des marais.

Vient ensuite *Nice*, dont nous ne nierons point les avantages ; cependant, bien que les mois d'hiver y soient très-beaux, ceux du printems et de l'été y sont désagréables au dernier point. Ajoutez à cela le défaut d'ombrage ; les cousins dont on ne peut se garantir, même en hiver ; l'humidité des habitations, la cherté des vivres, le caractère peu sociable des habitans ; enfin, mille autres choses qui dégoûtent beaucoup de ce séjour.

Venons à *Naples*. Sans doute Naples est pour quelques semaines un séjour très-attrayant ; mais son atmosphère volcanique, ses hivers généralement humides ; l'été d'une

chaleur insupportable ; point d'arbres ; la
poussière continuelle de la lave.... malheur au malade qui se décide à vivre à
Naples ! *Sorento* et même *Ischia*, ces endroits si vantés, peuvent tout au plus être
agréables au printems.

Vous irez donc à *Montpellier ?* Nous
avouons que l'on jouit à Montpellier d'un
air très-pur, et en général d'une excellente
température. Mais ce vent de bise, froid
et pénétrant ; ce vent du Midi, mou et
étouffant, offrent de terribles compensa-
tions. Le voisinage des marais de *Magalon*
n'est pas non plus très-régalant ; l'avidité
des habitans, accoutumés à surfaire, et qui
exigent des prix fous de leurs logemens ;
enfin, le défaut d'ombrage, de promenades, tout cela doit entrer en ligne de
compte. On prétend d'ailleurs que l'air de
Montpellier est trop vif pour les poitrinai-
res, et quelquefois même mortel.

On nous citera d'autres endroits favorables
aux personnes languissantes, *Vevay*, *Marseille*, *Cannes* et *Avignon*. Mais Vevay
n'est agréable qu'en hiver, et n'est pas assez
au Midi. Marseille offre de grands avan-

tages ; mais la campagne pourrait être beaucoup plus belle. *Cannes* n'est qu'un petit
bourg de pêcheurs , et Avignon ennuie par
sa dépopulation et sa solitude. Enfin , dans
toute la Provence il ne faut pas oublier le
Mistral ou le vent du Nord , si funeste
aux personnes souffrantes.

Concluons. *Valence* mérite en tous points
la préférence , soit par rapport au climat , soit
par rapport à la beauté de la contrée , soit par
rapport à la facilité d'y vivre et à tous les agrémens de la vie sociale. La seule chose qui
pourrait déplaire , serait la gêne relative
à la religion ; mais , pourvu que vous évitiez
de donner ouvertement du scandale , vous
êtes absolument le maître de votre conduite ,
eussiez-vous le malheur d'appartenir à la
race usurière des Hébreux !

Cacahuete.

C'est la noix de terre, que nous trouvons
dans les traités de Botanique sous le nom
de *Arachis Hypogaca.*

Elle est originaire de l'Asie méridionale et de l'Amérique, et s'y cultive avec beaucoup de soin, à cause de ses fruits, agréables au goût. Cependant depuis quelques années on a essayé de la faire venir à Valence, et les tentatives n'ont pas été sans succès.

Comme cette culture pourrait intéresser les voyageurs, on ne lira peut-être pas sans plaisir un court extrait d'un livre qui a paru depuis peu à ce sujet (1).

On la plante, selon *Tabares*, depuis le milieu du mois de mai, jusqu'à la fin de juin. Il ne faut jamais planter qu'une graine à la fois, et toujours à distance l'une de l'autre de quelques palmes. Elle veut surtout un sol léger, sablonneux et bien en-

(1) Observaciones practicas sobre el Cacachuete o Mani de America, ou produccion en Espanna, bondad del Fruto, y sus varios usos, particularmento para la extraccion de aceyte, modo de cultivarle y beneficiarle para el bien de la nacion, por *Don Franc. Tabares de Ulloa*. En Valencia, 1800, in-8º. Voyez aussi : Mémoria sobre el Mani de las Americanos. Par *Don Anton. Echeandia.* En Zaragoza, 1800, in-8º.

graissé. Elle a besoin de très-peu d'eau au commencement, jusqu'à ce que la plante commence à fleurir; alors il faut l'humecter plus abondamment. En général, on ne doit pas oublier qu'elle a besoin de beaucoup d'air et de soleil, et qu'elle ne vient jamais bien à côté d'une autre, et moins encore auprès de quelque arbre.

Dès que ses feuilles commencent à jaunir, on pense à la récolte; quand elle est achevée, on fait sécher les tiges arrachées au sol, dans un endroit bien exposé à l'air et au soleil, et on écrase ensuite les écosses avec des bâtons. Au reste, on peut ouvrir ces écosses à volonté, soit sur le champ, soit après plusieurs années, sans s'exposer à les voir pourrir, pourvu qu'on les laisse dans un lieu bien aéré.

Les fruits de cette plante offrent un aliment également sain et agréable au goût. On peut les apprêter de mille manières, comme des légumes en forme de puddings, mêlés avec moitié de froment. On en obtient aussi un pain excellent et savoureux. L'huile qu'on en exprime est presque aussi bonne que la meilleure huile d'olives.

Quant aux qualités de cette plante, *Echeandia* en a fait les essais suivans. Les feuilles et les tiges fraîches ont un goût farineux ressemblant aux pois, mais elles sont presque sans odeur ; il en est de même des feuilles et des tiges sèches.

Les fleurs nouvelles n'ont qu'une odeur faible , mais agréable ; elles sont d'une facile mastication, succulentes, et ont le goût doucereux des légumes.

Les fruits non encore mûrs ont l'odeur de la réglisse fraîche et un goût en approchant. En les mâchant elles se morcellent et teignent la salive d'une couleur rougeâtre. Les fruits, parvenus à leur maturité, n'ont point d'odeur, mais un goût un peu douçâtre, à-peu-près comme les pois-chiches. En les mâchant ils se dissolvent entièrement, au point que la salive en devient presque laiteuse. Cuites , elles sont bien plus douces encore, plus abondantes en suc , et ont une odeur très-forte de légumes.

Lorsqu'on brûle la plante avec ses écosses, on en obtient des cendres très-bonnes et utiles à plusieurs usages pour les besoins domestiques , particulièrement pour la lessive.

Une certaine quantité de graines préparées avec une dose d'eau suffisante, et réduite en orgeat, donne une liqueur extrêmement blanche , très-écumeuse, butireuse et qui a le goût du fruit. L'acide sulphurique ne produit point de changement dans sa couleur ; l'alun en accélère la précipitation ; l'alcohol en augmente la couleur blanche et laiteuse, et produit, une heure après , la précipitation. Si on laisse reposer cet orgeat , il s'y forme une peau , et il finit par tourner. Alors , au fond du vase , il tombe un sédiment , semblable à une espèce d'amidon blanc , et la liqueur qui se trouve entre la peau supérieure et le sédiment , ressemble par sa couleur au petit-lait.

Lorsqu'on fait macérer au bain-marie les graines entières avec leurs pellicules intactes, elles s'amollissent, se bouffissent, et donnent une infusion transparente qui a presque la couleur du sang, que l'acide change en bleu foncé et approchant du noir ; elle a un goût douçâtre et farineux, et elle est parfaitement inodore. Une décoction fortement saturée prend une substance épaisse; se tient, au moyen de l'acide, en couleur cendrée, et a, avec un goût douçâtre très - substantiel, une odeur assez forte.

Si l'on en fait macérer les graines sans leurs pellicules, l'infusion prend une couleur de petit - lait, que l'acide teint en jaune de paille. La décoction saturée a les mêmes qualités ; avec cette différence pourtant que l'acide devient d'abord trouble, et ensuite blanchâtre, et qu'en même tems cette décoction dépose une substance glaireuse.

Lorsqu'on délaie une quantité de farine de ces graines dans une portion sextuple d'eau, et qu'on laisse ce mélange à l'air, on en obtient, le troisième jour, une fermentation acide, et le sixième, putride, où se développe un sel très-fort de lessive ammoniaque.

Il résulte de ces expériences et de plusieurs autres, que le *Cacahuete* contient quatre parties d'huile, deux parties de substance glaireuse, une de substance sucrine, et une de substance terreuse ; cette dernière, mêlée de matière glutineuse et glaireuse, presque en égale quantité ; et qu'ainsi le *Cacahuete* est un légume très-nutritif, peu flatueux comparativement à d'autres.

Pour ce qui concerne l'huile qu'on en exprime, elle est forte et liquide, inodore, d'une couleur transparente et d'un jaune verdâtre, d'un goût doucereux agréable et butireux. Lorsqu'elle sort de la presse, elle a une couleur blanchâtre, tirant un peu sur le vert, et assez trouble, à cause de la substance glaireuse qui s'y mêle ; mais insensiblement elle se clarifie, lorsqu'on la laisse exposée à une chaleur tempérée. Dans une chaleur de 17 à 20 degrés de Réaumur, elle devient, après quelques jours, amère et rance.

Elle ne se dissout ni dans l'eau ni dans l'alcohol ; elle ne se volatilise qu'à un degré extraordinaire de chaleur, même au dessus de l'eau bouillante, et s'enflamme dans cet état, lorsqu'on en approche un charbon ardent. Dans l'état d'ébullition, il y monte quelques vapeurs aqueuses, et elle se condense. On s'en sert pour brûler, avec plus d'avantage que l'huile d'olives ; elle donne

une

une lumière bien plus vive, et ne produit ni vapeur, ni noir de fumée. Mêlée avec une substance alcaline, elle donne un excellent savon ; mêlée avec l'eau de Goulard, c'est un très-bon lénitif. En général on peut s'en servir comme de la meilleure huile d'olives.

Serait-ce la même plante qu'en Allemagne on a donnée au public (voyez l'*Indicateur de l'Empire*, *Reichsanzeiger*.) comme un secret, et par laquelle on ne promet aux économes pas moins de *mille* pour cent de profit ? Dans ce cas-là on se serait prodigieusement trompé ; car le *Cacahuete* ne peut croître que dans un climat méridional.

~~~~~~~~~~~~~~~~~~~~

Buzot.

Endroit situé à cinq lieues et demie d'*Alicante*, dans une contrée extrêmement romantique, et renommé pour ses eaux chaudes.

On a découvert jusqu'à présent quatre de

T

ces sources, dont la principale prend son origine dans un hameau, nommé *Aygues*. Elles ont une chaleur de 32 degrés de Réaumur, une faible odeur de soufre, surtout la source *de la Cogalla*, un goût de fer assez sensible, et une qualité éminemment laxative. Si on laisse reposer cette eau, il s'y forme un sédiment couleur jaune d'ocre; si on la fait s'évaporer, il s'y forme des cristaux de sel marin et de sel de Glauber.

On prend les eaux de *Busot* avec beaucoup de succès, soit en boisson, soit comme bain; c'est pourquoi du mois de février jusqu'au mois de mai, ces lieux ne manquent jamais de compagnie. Il est seulement fâcheux, qu'on ait si peu pensé à procurer des commodités à ceux qui s'y rendent, et que personne n'ait encore fait la spéculation d'y faire les moindres embellissemens. On se plaint surtout des logemens à *Aygues*, précisément où est la source principale.

Cependant on est indemnisé avec avantage par la beauté de la contrée et par son excellent air. Tout autour s'élèvent des

montagnes pittoresques , et cultivées à mi-
côte ; par-tout on trouve la végétation la plus
riche et la plus agréable variété. Combien
de petits sites romantiques , qui semblent
faits pour la solitude et l'amour , qui deviennent chers à la plupart des baigneurs,
et qui sont pour plusieurs signalés par des
souvenirs impérissables !

Pour les botanistes , *Busot* et *Aygues* ont
encore cet avantage , qu'on y trouve en
quantité le *Quercus coccifera* de Linnée,
(en espagnol : *Coscoxa.*) qui rend très-lucratif le commerce que font les habitans
des baies de *Kermès*.

~~~~~~~~~~~~~~~~~~~~

Benidoleig.

Dans le voisinage de cette jolie bourgade
il y a une caverne , fameuse par ses belles
stalactites et par un superbe trésor qui date
du tems des Maures. Pour enlever ce trésor , on dit qu'il faut trois animaux blancs ,
savoir , un agneau blanc, un lapin blanc
et une colombe blanche. Eh bien ! malgré

cela , le trésor est encore jusqu'à ce moment absolument intact.

Quelque facile qu'il paraisse au premier
abord de remplir les conditions de ce trio
mystique , le moindre brin de laine noire , le
plus petit poil grisâtre , la plus petite plume
maculée dans l'un de ces trois animaux
dérange et arrête tout-à-coup le succès qui
semble le plus sûr. En voici un exemple ,
bien fait pour servir de leçon et pour effrayer tous les chercheurs présens et à
venir.

Le premier qui , il y a plusieurs siècles ,
trouva ce secret dans un ancien manuscrit,
écrit en langue maure , fut aussi le premier
qui, accompagné d'un ami, entreprit de fouil-
ler ce trésor. Dans cette vue , ils se pourvu-
rent des trois animaux susdits , se garnirent
de scapulaires , de reliques et de chapelets,
et munis de tous ces préservatifs , selon les
formalités prescrites , ils s'enfoncèrent au
coup de minuit dans la caverne.

Mais à peine ont-ils fait deux pas , qu'ils
sentent un léger souffle qui éteint leurs
flambeaux , et ils voient voltiger au fond
de l'antre une petite flamme dorée qui

semble leur indiquer la route. Ils prennent courage ; soudain le rocher s'ouvre , et ils aperçoivent un grand souterrein
tout resplendissant d'or et d'argent. Déja
ils s'apprêtent à y entrer ; mais aussitôt une
vierge maure , qui sort de la terre avec
un voile , s'oppose à leur marche , un glaive
d'or à la main.

Nos aventuriers effrayés reculent quelques pas , font avancer devant le fantôme
les trois animaux blancs , et récitent la for-
mule magique. Alors le fantôme secoue la
tête , repousse avec indignation l'offrande
qu'on lui présente , et lève trois fois l'épée
sur les deux champions. Tout d'un coup le
tonnerre gronde et retentit avec fracas , les
flambeaux s'éteignent ; le souterrein se
ferme avec un bruit épouvantable ; l'ou-
ragan mugit ; une tempête affreuse se dé-
chaîne dans la caverne , et une force in-
visible transporte les deux chercheurs à
l'entrée du souterrein.

Quand nos deux amis eurent repris leurs
esprits, ils se trouvèrent sous un olivier , à
deux cents pas de la caverne. C'est alors
qu'avec effroi ils découvrirent sous l'aîle de

la colombe, une petite plume grise, presque imperceptible ; et sans doute ils ne
durent leur salut qu'aux reliques dont ils
avaient eu soin de se munir.

~~~~~~~~~~~~~~~~~~

La Coscoxa.

On connaît les graines écarlatines du *Kermès* (*Coccus Ilic.*), on sait qu'elles sont
formées par une sorte de pucerons qui font
leurs nids sur une certaine espèce de chêne,
et qu'on s'en sert pour faire l'écarlate. Ce
chêne est le *Quercus coccifera* de Linnée,
(en espagnol *Coscoxa.*)

Il faut distinguer deux sortes de *Coscoxa*,
savoir l'arbuste et l'arbre ; on trouve sur tous
les deux ces graines de *Kermès* ; mais avec
quelque différence. Sur la *Coscoxa* arbuste,
elles s'attachent seulement aux feuilles ;
quant à la *Coscoxa* arbre, on les y trouve
également sur la tige et sur les rameaux.

Ces graines de *Kermès* forment en beaucoup d'endroits de l'Espagne méridionale
et surtout dans la *Huerta d'Alicante* , jus-

qu'à *Busot*, *Aygues*, etc., une branche de commerce très-lucrative. On les racle avec une petite palette de bois ou avec les ongles, et on les étale sur une natte d'*esparto*. Ensuite, après les avoir arrosées de vinaigre, on les fait sécher à l'ombre ; puis on les vend au prix de huit à douze réaux la livre.

Pour donner encore quelques détails, nous ajouterons que ces graines de *Kermès* sont attachées à ces feuilles par une espèce de glu qui enveloppe une partie de la graine. Elles sont de différente grandeur, d'un demi ou quart de pouce de diamètre, mais parfaitement sphériques, et couvertes d'une poussière blanche, qui cache leur surface vermeille, polie et brillante. On en distingue trois sortes, où l'on peut remarquer les trois périodes de leur développement.

Quelques graines de *Kermès* offrent des petites membranes tenaces, remplies d'une liqueur qui approche du sang et qui donne une très-belle teinture. Dans une autre espèce on trouve une seconde membrane au dessous de la première, laquelle renferme les œufs presque imperceptibles des insectes qui les produisent. Dans l'inter-

T 4

valle qui est entre ces deux membranes,
se trouve cette liqueur qui donne la teinture, mais en plus petite quantité. Enfin,
dans la troisième, les œufs sont parfaitement formés, les deux membranes fortement adhérentes l'une à l'autre, et le suc
est presque à sec. Il est facile de juger
quelle est celle de ces espèces qui doit être
la plus recherchée, et qui se paie davantage.

El Murciegalo.

Ce mot, si doux et si harmonieux, désigne tout bonnement une *chauve-souris* ;
elle forme les armes de Valence. En voici
l'origine.

En 1238, *Jacques-le-Conquérant* était,
avec son armée, devant Valence, et il avait
son quartier-général dans le voisinage du
Turia. Un beau soir, à la chûte du jour,
il parut tout-à-coup une nuée de chauve-
souris, dont une alla se percher sur le
drapeau, arboré sur la tente royale, tandis

que toutes les autres voltigeaient autour d'elle en grands cercles concentriques.

Dès que le roi vit ce phénomène, il fit rassembler tous ses capitaines : « Voyez-vous bien, mes amis, les chauve-souris? D'après le dire des cultivateurs, elles annoncent toujours le beau tems, et je prends ce phénomène comme l'augure que demain nous entrerons dans la ville ! »

Effectivement, les Maures, réduits par la faim, furent obligés de se rendre à discrétion, et le lendemain les Espagnols entrèrent en triomphe dans Valence. Pour perpétuer le souvenir de cet évènement on choisit une chauve-souris pour armes de la ville ; c'est encore pour cela qu'on fait tous les ans, le jour de *St. George*, une procession solemnelle, où la chauve-souris brille sur tous les drapeaux et sur tous les écussons.

Chétif volatille, et par-tout ailleurs si abhorré ! qui aurait jamais imaginé qu'un si grand honneur fût réservé à ton image? Ainsi donc, gloire immortelle à la chauve-souris de Valence !

~~~~~~~~~~~~~~~~~~~~~~~~~~~~~~~~

Vues pittoresques.

Adieu les tableaux de paysage, si leurs couleurs doivent sortir de l'encrier ! adieu les tableaux de paysage, s'il faut tracer partiellement et analytiquement la scène vivante et mobile qui doit être vue d'un, coup-d'œil. Renonçons donc à ces descriptions minutieuses qui font bailler le lecteur, et bornons-nous à peindre en deux mots l'impression que fait un beau site !

Nous renverrons donc le lecteur à ces *voyages pittoresques* qui ont déja été annoncés à Paris et à Madrid (1) ; nous nous contenterons de lui indiquer, où il doit chercher des sites intéressans. Du reste, on doit recourir aux gravures, ou visiter les lieux mêmes.

_____

(1) Par *Alexandre Laborde* et une société d'hommes-de-lettres espagnols. L'auteur de ce Tableau aura soin d'en publier un extrait, qui va paraître à *Berlin*, chez M. *Unger*, et dont on parlera plus particulièrement en tems et lieu.

Nous pouvons vanter les superbes paysages de *Morella*, *Oropesa*, *Sierra de Engarceran*, *Ares del Maestre*, *Culla*, *Onda*,
Murviedro, *Valencia*, *Gandia*, *Chulilla*,
Campos, *Eslida*, *Bocayrente*, *Alicante*
et *Liria*; par-tout on y trouvera des aspects,
tantôt alpestres, tantôt maritimes; tantôt
grands, tantôt aimables, mais toujours ra-
vissans; par-tout on y retrouvera les mo-
dèles enchanteurs de ces contrées romantiques, enfans chéris d'une imagination
exaltée.

Heureux ceux à qui le sort permet de
voyager dans ces pays délicieux! Ils parti-
ciperont et pardonneront à l'enthousiasme
de l'auteur de ce tableau!

~~~~~~~~~~~~~~~~~~~

Astronomie.

C'est sans doute sous ce doux ciel du
Midi que l'on doit chercher l'origine de cette
science sublime. Où l'étude de l'astronomie pourrait-elle être plus propice et offrir
plus de succès que dans ces heureux climats?

Je vous salue donc, pays véritablement astronomiques, où la voûte étoilée brille d'une clarté toujours pure ! où la beauté majestueuse des nuits redouble l'enthousiasme mélancolique qu'inspire la contemplation des globes qui roulent éternellement sur nos têtes.

Etude sainte et sublime, qui seule peut élever l'humble fils de la poussière jusqu'au sanctuaire éclatant des bienheureux ! Quelles bénédictions ne dois-tu point attendre de l'humanité toute entière ! et quelles jouissances n'offres-tu pas à tes disciples zélés ! Levez-vous donc, astres bienfaisans, et remettez sur la route le navigateur égaré et errant au gré des ondes ! Sortez des gouffres incommensurables du néant, mondes éternels, où reposent les divines conceptions et la céleste quiétude ; et que vos feux étincellans nous pénètrent d'une joie consolatrice !

Astronomie ! la plus noble, la plus immense de toutes les sciences ! combien ne renfermes-tu pas de vastes pensées et d'illusions ravissantes ! Calculer les orbites de ces mondes qui nagent dans l'immensité

de l'espace, leur assigner un cours, inter-
roger les secrets du créateur !......... quelle
superbe vocation, et qui pourrait apprécier
ces fonctions augustes, qui donnent au
mortel un avant-goût de son immortalité !
Oui, c'est chez vous, astres sacrés, c'est
dans cette divine étendue, la patrie de tout
ce qui existe ici-bas de grand et de bon,
que l'ange de la paix transporte vos fidelles
amis. O Valence ! énorgueillis-toi de ton
beau ciel astronomique ; vante - nous tes
nuits brillantes et pompeuses ! Bientôt
tu vas ériger à la science la plus distinguée un temple digne d'elle (1) ; bientôt
tu partageras l'admiration avec laquelle
l'Europe littéraire couronne déja le nom
fameux de *Zach* et ses respectables amis.

---

(1) Provisoirement on a disposé quelques pièces, etc.,
pour les observations astronomiques dans les bâtimens de l'université ; et il a paru au commencement
de l'an 1802, la petite brochure suivante : *Curso y*
efemerides en el Observatorio real de Palermo, el 1.
de Enero de 1801. *para el immediato Mes de Mayo de*
1802, *calculados en Valencia par E. B. D. L. p. 8,*
Madrid, chez Castillo (6 Réaux.)

Découverte intéressante.

Les habitans du district de *Hoya de Castalla*, dans la partie méridionale de la province de Valence, possèdent un excellent remède contre la morsure des vipères, lequel est composé du *Chardon-Roland* (1), de l'herbe aux vipères (2), du thlaspi épineux (3) et de la mélisse de Crète (4), de la manière suivante :

On prend les plantes lorsqu'elles commencent à monter, et on les fait sécher à l'ombre jusqu'à ce qu'il n'y ait plus aucune humidité. Ensuite on pile chacune de ces

(1) *Eryngium campestre*, en valencien : *panical*.
(2) *Echium vulgare*, en valencien : *Sardineta*.
(3) *Alyssum spinosum*, en valencien : *Bufalaga vera*.
(4) *Melissa cretica*, en valencien : *Polion blanch*. C'est sous ce nom de Mélisse de Crète qu'elle est décrite par *la Marck*; mais *Cavanilles* indique, par la description de son calice, que c'est plutôt la *Nepeta marifolia*. Cf. *Annales de Ciencias naturales*, 8. Madrid, 1800, n°. V, p. 192.

plantes séparément, on l'en passe la poudre dans un tamis de crin ; on les mêle et on les conserve dans des bouteilles bien bouchées. Il faut faire attention de n'employer du Chardon-Rôland que la racine, laquelle est d'une vertu singulièrement corroborante.

Quant à l'usage de ce remède, c'est une condition indispensable de s'en servir immédiatement après qu'on a été blessé. La dose pour un homme est ordinairement d'un scrupule ; pour un chien, etc., une drachme, toujours délayée dans de l'eau. On n'a aucun régime particulier à observer ; seulement il faut continuer pendant neuf jours consécutifs à en prendre le matin et le soir.

Depuis un tems immémorial les habitans de ce district se servaient de ce spécifique reconnu pour la morsure des vipères, lorsqu'enfin le célèbre *Cavanilles* s'avisa de l'essayer contre la morsure des chiens enragés. Il s'empressa d'instruire les médecins de la province des résultats de ses expériences, et eut la satisfaction de les voir couronnées du succès le plus brillant.

Par exemple, dans la ferme *de los Puchols*,

dans la banlieue de la petite ville *Sierra d'Engarceran*, un vieillard âgé de soixante ans, nommé *Miguel Puig*, et un jeune adolescent *Vito Sorella*, avaient été mordus, l'un à la main, et l'autre à la joue, de manière que tous les deux avaient rendu beaucoup de sang. Quoique le médecin *D. Blas Sales* n'eût été appelé que trois jours après, il voulut cependant faire l'essai de cette poudre, qui réussit au delà de son attente.

En effet, les deux malades furent parfaitement rétablis, sans qu'il se manifestât depuis le moindre symptôme de rage, et sans que jusqu'à présent (après six ans) on ait remarqué dans leur physique la plus légère altération. La rage de ce chien paraît constatée par une foule de preuves ; attendu que plusieurs brebis et plusieurs chèvres qui en avaient été mordues, moururent quarante jours après, avec tous les symptômes de la rage la plus complète.

Dans le village *Tornesa*, en 1799, dans la banlieue de la même ville, un homme âgé de cinquante-cinq ans, nommé *Francisco Baset*, et sa fille âgée de vingt-trois ans, *Manuela Baset*,

Baset, ainsi qu'un autre individu nommé *Joaquin Fauro* furent mordus, les deux premiers à la main, et le dernier au doigt du milieu. *Baset* et sa fille s'adressèrent sur-le-champ au chirurgien du village, *D. Tomas Sabater*, et reçurent de lui des poudres pour neuf jours, au lieu que *Fauro*, qui était d'un autre village, regarda sa blessure comme une bagatelle, et la négligea.

Qu'arriva-t-il? *Baset* et sa fille furent parfaitement guéris, et n'ont depuis (il y a trois ans) ressenti aucune atteinte; tandis que le malheureux *Fauro* est mort soixante jours après, avec tous les symptômes de la rage la plus complète.

Un autre chien enragé, à *Sierra d'Engarceran*, avait mordu plusieurs chiens, pourceaux, etc. On donna, onze jours de suite, à ces animaux de la poudre en question, et jusqu'à ce moment, depuis presque deux ans, on n'a remarqué chez eux aucune suite de leurs blessures. Les autres à qui on n'avait point donné de cette poudre, sont morts vingt-cinq jours après, à-peu-près dans la rage complète.

Un autre chien à qui l'on ne put donner

V.

que quatre prises, ne devint pas totalement
enragé, mais tomba dans une espèce de
léthargie, et il refusait de manger, jusqu'à
ce qu'enfin le soixantième jour il mourut
de la rage.

Voilà les essais qui ont été faits d'un remède qui, que je sache, n'a encore jamais
été cité dans les remèdes connus contre
cette terrible maladie. Cela semble d'autant
plus mériter l'attention des médecins, que
son efficacité contre le poison des vipères
est prouvée de reste sur une expérience de
plusieurs siècles (1).

~~~~~~~~~~~~~~~~~~

Jouissances de la vie dans le Midi.

Quelque vague et quelque indéterminée
que soit cette expression relative, il est

_____

(1) Au moment où je livre ces feuilles à l'impression, j'apprends par un Journal espagnol qu'on a déjà
essayé plusieurs fois ces poudres avec succès à Madrid. On en verra l'extrait dans les *Mélanges de Littérature*, etc. *Espagnole*, qui sous peu vont paraître
chez *Unger*, à *Berlin*.

cependant incontestable qu'elle exprime
en général l'idée d'un bien-être physique
ou moral, et le mode le plus parfait et le
plus conforme à la nature humaine.

Or, cet idéal de la jouissance la plus
intime, la plus exquise, ne peut consister
que dans le jeu le plus libre et le plus éner-
gique de nos forces et de nos facultés, et
dans le développement le plus entier de
notre être; dans le plus grand nombre de
sentimens et d'idées agréables, ainsi que
dans leur intensité et leur variété.

A ces traits nous reconnaissons la forme
la plus belle, la plus aimable dont la vie
d'un mortel soit susceptible; et c'est cette
même image, qui nous rappellera toujours
cette heureuse contrée, où tout arrive au
plus haut degré de perfection et de beauté.

C'est dans le Midi que la nature se montre
dans les plus belles formes et dans tout le
luxe de sa magnificence. Cet air pur, cette
température, cette surabondance des alimens les plus délicats et les plus salubres;
tout, enfin, ne contribue-t-il pas aux jouissances les plus douces des sens, à la production la plus rapide des idées et des senti-

mens; enfin , à cette plénitude d'existence
et de félicité? Ainsi donc, que celui qui
desire goûter la véritable vie du poète, de
l'artiste, enfin, ce qu'on appelle *jouissance!*
qu'il aille visiter ces climats.

Je m'éveille, et dès l'aube vermeille je
vois se développer à mes yeux un vrai pays
de féerie. L'air est embaumé des parfums
des orangers , et les longues flèches des
palmiers en fleurs se balancent au milieu
des rayons sémillans du jour! Où suis-je?
Dans quel Eden ma bonne étoile m'a-t-elle
tout-à-coup transplanté? O Valence! je
m'éveille! et ma paupière enchantée se
promène sur un horizon de fleurs ou s'y
repose avec volupté!

I.
APPENDICE.

~~~~~~~~~~~~~~~~~~~~~~~~~

COUP-D'ŒIL GÉNÉRAL
SUR LA GÉOGRAPHIE
ET LA STATISTIQUE
DE LA PROVINCE DE VALENCE, DES ISLES
BALÉARES ET DES ISLES PITHYUSES.

V 3

INTRODUCTION.

PEU de pays, sur une étendue aussi bornée, offrent autant de différences marquées
et de contrastes frappans que le royaume de
Valence. Dans la partie du Nord et dans
celle du Couchant il n'y a que des contrées
âpres et montagneuses. Au contraire, dans
les contrées moyennes et méridionales, on
trouve les plaines les plus douces et les plus
superbes jusqu'à la côte.

En tirant une induction de la nature du
sol aux produits, on supposera à cet égard
la plus grande variété. Ainsi, les contrées
du Nord produisent du lin, du chanvre,
des métaux et des légumes ; les parties
méridionales, au contraire, des dattes, des
oranges, du vin et du sel en abondance.
La province est riche en productions du
Midi et du Nord, au point qu'il est difficile
de la trouver telle en aucun autre pays du
monde.

La différence entre les parties méridionales et celles du Nord relativement à la population en général, n'est pas moins sensible. A peine dans la partie du Nord on trouve toutes les trois et quatre *leguas* une bourgade un peu remarquable ou quelque misérable hameau ; tandis que dans la méridionale les villages se suivent presque, et que les villes sont l'une sur l'autre. Ainsi, ce n'est point une exagération de dire, que la partie méridionale a au moins les trois cinquièmes de toute la population.

Il est superflu d'observer quel effet cette différence doit produire sur l'industrie et l'aisance des habitans. Il n'y a, dans la partie du Nord que très-peu d'agriculture ; mais en récompense on y élève beaucoup de bétail, et l'on y trouve une foule de fabriques de première *nécessité* en laine, cuir, *esparto*, chanvre, etc. ; des fours de potterie, de faïence, des brasseries, des manufactures d'eau-de-vie ; enfin, tous les produits d'une industrie grossière toute manuelle et peu fructueuse.

Dans les contrées méridionales, au contraire, quelle superbe culture ! Combien de manufactures de soie et d'autres articles de luxe ! combien d'avantages résultans de la pêche et du commerce ! Quelle aisance et quelle richesse, lorsqu'on compare ces contrées avec celles du Nord !

Mais si l'on veut aussi connaître la partie vivante de ce tableau, on demandera peut-être : quelles sont les mœurs des habitans ? Nous osons nous flatter d'avoir suffisamment répondu à cet égard à la juste curiosité du lecteur, dans les différentes esquisses que nous nous sommes efforcés de présenter rapidement à son imagination ; heureux, si nous avons pu réussir à peindre avec quelque intérêt ce peuple gai, joyeux, bon, compatissant, qui sait tout utiliser, tout cultiver, jouir de tout ; et qui, n'étant point dépourvu de talens, serait peut-être sous un meilleur gouvernement, et dégagé de l'influence pernicieuse de la superstition des dogmes et de l'autorité ecclésiastique, le peuple le plus intelligent et le plus heureux de toute l'Europe.

Nous croyons ne pouvoir terminer plus utilement ce tableau qu'en offrant au lecteur, qui veut en même tems s'instruire et s'amuser, un coup-d'œil géographique et

statistique de cette superbe province , extrait avec soin du grand ouvrage en deux
gros volumes in-folio de *Cavanilles* , auquel nous nous sommes empressés de rendre
justice dans notre préface , et auquel nous
sommes redevables des détails les plus intéressans et les plus variés.

* * *

Le royaume de Valence comprend en
tout 838 lieues carrées. Sa population monte
à 932,150 ames. La plus grande partie de
la province est montueuse , de manière qu'il
y a tout au plus 240 *leguas* carrées de pays
plat. (Voyez à cet égard l'article : *La Carte
du pays.*)

I.

Partie septentrionale de la province.

Du rivage gauche du *Millares* jusqu'aux
frontières de l'*Arragon* et de la *Catalogne*.
—Parsemée de hautes montagnes escarpées,
parmi lesquelles il se trouve cependant par-
ci , par-là , quelques plaines. — Climat

changeant et froid, qui toutefois s'abaisse en pente douce vers le rivage. Il est en général peu peuplé, quoique dans les lieux où le sol le permet, il offre une assez bonne culture.

1.

District de Benifaza.

District le plus au Nord; le plus rude et le moins fertile de tous, et dont les hautes montagnes sont couvertes de neige pendant quatre mois de l'année. — Beaucoup de pins, de hêtres, etc. Des mines de vitriol, d'alun, de fer, et plusieurs de houilles; mais qu'on ne sait pas exploiter. — Sept petits villages faisant à peine 1,680 habitans. — On ne voit que misère et indigence. — Seulement près de *Pobla*, bourg d'environ 500 habitans, on trouve un climat un peu plus doux, un meilleur sol et une plus grande fertilité.

2.

District de Herbes, Villabona et Vallivana.

Un sol un peu meilleur, et une population.

proportionnellement un peu plus forte que dans le district ci-dessus; mais en général peu de différence. — *Herbes*, de 86 habitans. — *Villabona*, de 110. — A *Vallivana*, rien que des chaumières clair-semées.

3.

District de Morella.

Le sol devient meilleur. — 5,200 habitans. — La ville *Morella*, 4,800 habitans. — La bourgade *Chiva*, un peu plus de 300 habitans. — Beaucoup d'abeilles et des arbres fruitiers, en petit nombre.

4.

District de la Ria.

Montagnes plus basses. — Le climat plus doux. — Plus grande fertilité. — *Forcall*, 1,356 habitans. — Des amandiers et des mûriers. — De la soie, du froment, du miel, des noix, des légumes et un peu de vin. — Des fabriques d'Alpargates. — *Villores*, 200 habitans; presque les mêmes productions. — *Ortels*, 310 habitans; mauvais sol et pauvreté. — *Palanques*, 290 habitans; même indigence. — *Zorita*, 1,000 habitans; excellent sol et grande fertilité. — Les quatre autres endroits ne sont que de misérables hameaux, où le petit nombre des habitans vit dans la plus grande misère. — Seulement à *la Mata* quelques ouvriers en laine.

5.

District de Cinc Torres, Castelfort et Portell.

Pays rude et montagneux. — Un peu au dessus de 3,000 habitans. — Mauvaise culture. — *Cinc Torres*, 1,250 habitans. — A-peu-près 38 à 40 métiers à laine. — Manque absolu d'industrie.

6.

District de Cati.

La ville de *Cati*, 2,000 habitans. — 200 métiers à rubans. — Un peu d'arbres fruitiers et de légumes — Une grande partie de ce district est absolument sans culture.

7.

District de Montesa.

Montueux, mais fertile, surtout en bled.
— *Chert*, 1,756 habitans, beaucoup d'ouvrages en laine, de lin et de chanvre. — A
peine la sixième partie de ce district est-
elle cultivée.

8.

District de Canet.

Canet, 1,710 habitans. — De la soie, du
vin, des légumes, de l'huile, des arbres à
fruit, des abeilles. — Huit manufactures
d'eau-de-vie. — *La Jana*, 1,720 habitans.
— Culture bien soignée et des ruches très-
bien tenues. — *Trahiguera*, 2,000 habitans, et *San Jorge*, 600 habitans. — Terrein misérable et mauvaise culture, mais
beaucoup de fabriques d'alpargates et de
poterie. — *Rosell*, 800 habitans. — Grande
activité pour tirer parti d'un sol ingrat.
— Dans les montagnes, de l'excellent
marbre.

9.

District de Vinaroz.

Vers la côte, le climat s'adoucit de plus en plus, et les terres sont mieux cultivées. — Les mêmes produits que les parages de la côte méridionale.

Vinaroz, tout proche la mer. Il y a 9,000 habitans. Bien cultivé et plein d'activité. — Belle *Huerta* où, une année portant l'autre, on recueille 1,800 cantaros de vin. —Pêche lucrative.—Cabotage considérable, surtout pour l'exportation du sel des salines de *la Mata*.

Benicarlo, de même situé sur la mer. 5,858 habitans. — Culture plus belle encore qu'à Vinaroz, et abondance de fruits de toute espèce. — Commerce très-considérable qui s'en fait, ainsi que des vins dont on retire annuellement près de 225,000 cantaros. (On exporte cependant aussi sous ce nom beaucoup de vins de *Vinaroz* et d'*Alicante*.) — Un peu de pêche et de cabotage. — Beaucoup d'ouvrages de tonnellerie.

Penniscola sur un rocher. 2,250 habitans. — Air extrêmement salubre , de manière que les naissances et les décès sont toujours en raison de 14 à 1. — La culture en comparaison de celle de *Benicarlo* est très-médiocre , excepté pour les terres affermées aux habitans qui sont très-industrieux.

Alcala , au centre de la plaine , 3,600 habitans. — Pas encore cultivé autant qu'on pourrait , quoiqu'on cherche à rivaliser les habitans de *Benicarlo*. Au rivage de la mer , beaucoup de marai et des terres en friche.

10.

District d'Oropesa.

Les contrées basses de la côte très-marécageuses et mal-saines. — Les plus élevées , sablonneuses et infertiles. — Peu de bonnes terres et une faible population. — *Torrablanca* , misérable bourgade : à-peu-près 100 habitans. — *Oropesa*. A peine 200 habitans. — L'*Abufera* d'Oropesa , long d'une demi - heure et large d'un quart-d'heure, n'est qu'une lagune dont les exhalaisons mal-faisantes causent de fréquentes épidémies.   11.

II.

District de Benicasim.

Pays montagneux et sauvage, plein de pins, de hêtres, etc. La plus grande partie encore sans culture. — *Benicasim*, à la distance d'un quart de *legua* de la mer, environné de hautes montagnes. — Tout au plus 180 habitans. — Grande pauvreté. — Petite baie pour des barques de pêcheurs. — *Pobla-Tornesa*, encore plus haut dans les montagnes; 515 habitans. — Culture passable.

Borriol, 2,540 habitans qui, en partie, vivent du roulage. — Des plantations extraordinaires de carroubiers, qui annuellement produisent jusqu'à 100,000 arrobes. — En général, la meilleure culture de tout le district.

Villafumes, au milieu des montagnes avec 2,025 habitans. — Bonne culture; on en retire surtout beaucoup de figues. — Un peu de bétail et d'abeilles. — Ce district comprend aussi ce qu'on nomme la *Sierra* de *Engarceran*, ayant 990 habitans, dont la

X

mi-côte est assez bien cultivée et couverte de quelques habitations éparses.

12.

District de Cabànes juqu'à San Mateo.

Culture passable et population croissante. — Cabanes, 1,620 habitans. — Surtout beaucoup de froment et de carroubiers. — Benloc, 1,125 habitans qui, de même, ne subsistent que d'agriculture. — Villa-Nueva, 180 habitans. — Torre blanca, 1,080 habitans. Quelques fabriques de palmitos. Beaucoup de carrières de plâtre entre Alcala et Villa-Nueva.

Cuevas, ville de 1,800 habitans. — Agriculture passable et d'excellent bétail. — Six manufactures d'eau-de-vie. — Serratella, village de 225 habitans. — Albàcase, ville de 1,350 habitans. Excellent bétail. — Salsadella, de 1,115 habitans. — Tirig, hameau de 225 habitans. Grande misère. — San Mateo, 2,700 habitans. — Quelques ouvrages de chanvre et beaucoup de cochons.

13.

District de Cervera et Calig.

Très-montueux et en partie non cultivé.
— *Cervera*, 1,350 habitans ; située sur un
rocher escarpé. Manque d'eau, et par
conséquent de productions. Excellentes
carrières de marbre, surtout près de
Trinchera. — *Calig*, 2,385 habitans. Grande
industrie et agriculture passable.

14.

District de Ares jusqu'à Adsaneta.

Très-montueux et dont à peine le huitième est en culture. Beaucoup de forêts
de sapins et du bétail. — *Ares*, ville de
900 habitans. Bonne culture et beaucoup
de bétail. — *Villafranca*, 1,575 habitans.
Fabriques de laine et de savon. — *Be-
nasal*, 2,250 habitans. Excellent bétail.
— *Culla*, 900 habitans ; grande pauvreté.
— *Adsaneta*, 1,800 habitans. Culture passable. — *Chodos*, sur un rocher de 400
pieds de hauteur, 250 habitans. Pauvreté

X 2

et misère. En général des contrées extrêmement sauvages et pittoresques.

15.

District de Vistabella jusqu'à Argelita.

Rude, montueux, et pour la plupart non cultivé, comme le district ci-dessus. — *San Vistabella*, de 1,800 habitans. — Des fabriques de drap, et du bétail. — *Villa Hermosa*, 1,575 habitans. — Très-bonne culture et grande activité. — *Cortés*, 830 habitans. Des travaux en laine, en lin et en chanvre. — *Zucayna*, 670 habitans. Des manufactures de toile; des cochons. — *Argelita*, 431 habitans. — Culture passable. — La *Pennaglosa* forme au Nord de ce district la plus haute cime de toutes les montagnes de Valence.

16.

District de Alcalàten jusqu'à Ribes-Albes.

Montagneux, mais bien plus fertile que les districts précédens. — *Lucena*, 1,800 habitans. Bonne agriculture. — *Figueroles*, 450 habitans. — Belles carrières de

marbre. — *Useras* , 1,800 habitans. — Beaucoup de cochons. — *Costnar* , 450 habitans , tout-à-fait entre des rochers. — Culture soignée.

Alcora , 1,400 habitans. — Belle contrée.
— Porcelaine et fabriques de faïence. —
En général beaucoup d'aisance et d'acti-
vité. — *Ribes-Albes* , 700 habitans. — Bonne
agriculture et ouvrages grossiers en faïence.
— Bien-être et population croissante.

I I.

Partie moyenne de la Province.

Entre *Castello de la Plana et San Felipe* ,
presque tout le long de la côte. — Extrêmement agréable et très-fertile. — Superbe
climat ; riche végétation. C'est la plus belle
partie de la province ; et elle porte, en op-
position à la contrée montueuse , le nom de
la Plana. — La population y est très-considérable.

I.

District d'Onda.

Aussitôt qu'on a franchi le *Millares*, c'est une fertilité prodigieuse. — *Onda*, ville, dans un site très-pittoresque, au pied d'une colline; 4,500 habitans, presque tous agriculteurs. On y trouve aussi une fabrique de faïence.

2.

District de Castello de la Plana.

La contrée s'applanit de plus en plus et devient plus belle et plus fertile. — *St. Castello* est à une *legua* de distance de la mer. Cette ville a 15,000 habitans. — Belle *Huerta* et très-productive. — Des travaux en chanvre. — *Almajòra*, à une heure de distance de la mer; 4,500 habitans. — Excellente culture. Les *Pimentones* de ce pays sont renommés dans toute l'Espagne. On en trouve qui pèsent jusqu'à cinq à six onces. — *Burriana*, 6,300 habitans. La culture y est également excellente. — *Villareal*, 6,750 habitans. — Indépendamment d'une superbe culture on y trouve aussi des fabriques de laine et de soie. — *Bochi*, ayant 1,595 habitans. — Un peu de culture, et beaucoup de fabriques de poterie.

3.

District de Nules jusqu'à Moncosa.

Nules, ville de 450 habitans. — Beaucoup de figues. — *Villavella*, 1,116 habitans. Elle a aussi des eaux minérales très-fréquentées qui jettent beaucoup d'argent dans le pays. — *Mascarell*, 475 habitans. — *Moncofa*, 900 habitans. La contrée est exposée à de fréquentes inondations ; voilà pourquoi elle est mal cultivée, et pourquoi il y a moins d'aisance. — *Chilches*, 900 habitans. Ouvrages en chanvre. — *Llosa de Almenara*, 585 habitans. Un peu moins de culture.

4.

District d'Uxo.

Uxo, ville de 2,400 habitans. — Bonne culture ; des fabriques d'alpargates et de poterie. — *Almenara*, 1,800 habitans. — Très-mal-sain, à cause des marais environnans.

5.

District de Murviedro.

Nommé *Valle de Sego* ; c'est une multitude d'habitations éparses, où l'on compte 4,000 habitans. Culture soignée. Abeilles. — *Murviedro*, ville sur la rive droite du *Palancia* ; 6,810 habitans. — Bonne culture, surtout des vignes, dont on retire annuellement près de 168,000 cantaros. — *Canet*, à une demi-lieue de distance de Murviedro ; 450 habitans. Bonne culture. — *Gilet*, 475 habitans. — *Petres*, 480 habitans ; superbe culture. — *Estivella*, de 900 habitans. — *Algimia*, *Torres-Torres* et *Alfara*, ensemble de 1,971 habitans. — La population de ce district va toujours en augmentant, et partant, il y a beaucoup d'activité et d'industrie. — *Algar*, 575 habitans. Quelques charbonnières.

6.

District de Valence.

La *Huerta* de *Valence*, après celle de Gandia, est incontestablement la plus belle partie de cette charmante côte. On peut compter, dans cette foule de petits villages dispersés, près de 58,000 habitans. — La culture y est poussée au dernier point de perfection. Voyez les articles ci-dessus, relatifs à cet objet.

Valence, 105,000 habitans. — *Puzol*, 2,997 habitans. — Excellent jardin botanique. (Voyez la description ci-dessus, p. 84.) *El Puig*, 1,575 habitans. — *Refelbunnol*, 900 habitans. — *Foyos*, d'à-peu-près autant. — *Alboraya*, 2,520 habitans. — *Benimaclet*, 280 habitans. — *El Grao*, port, ainsi que les lieux qui en dépendent 5,000 habitans. (Voyez les articles ci-dessus: *Divertisse-mens*, p. 45, et *Commerce et Ports*, p. 220.) *Campanar*, 1,350 habitans. — *Bursajot*, 1,440 habitans. (Voir l'article p. 77.) *Museros*, commanderie de *San Jago*, 750 habitans. — *Betera*, 1,800 habitans. Beaucoup de fabriques d'esparto. — *La Pobla*, 1,350 habitans. — *Benaguacil*, 3,150 habitans. — *Villamarchante*, 400 habitans. — Belles carrières de marbre. — *Ribaroja*, 1,200 habitans. — *Patrona*, plus de 1,000 habitans. — *Manises*, 1,100 habitans. — Bonnes fabriques de poterie. — *Torrent*, 5,400 habitans ; nous omettrons une foule de petits endroits.

Tous ces villages et bourgades sont dispersés sur les deux rives du *Turia*, et offrent la plus grande fertilité, aidée par un excellent arrosement. Autrefois on cultivait beaucoup de riz, ce qui était très-nuisible à la population. Mais depuis qu'on a abandonné la culture du riz, la population, en vingt ans, s'est accrue de moitié. — Au reste, il y a plusieurs carrières de plâtre et de marbre ; par exemple, à *Nin-nerola*, *Sabato*, etc.

7.

District de Monserrat jusqu'à Carlet et Cataroja.

Monserrat, 736 habitans. — Très-bonne

culture, surtout un excellent vignoble, dont on retire par an près de 30,000 cantaros. — *Montery*, 650 habitans. — Une foule de petits endroits qui forment un ensemble de 3,000 habitans. — *San Carlet*, 4,500 habitans. — Excellente culture. — *Rusafa*, au delà de 5,000 habitans. — Beaucoup de légumes. — *Masanosa*, 1,476 habitans. — *Catarroja*, 5,000 habitans qui vivent surtout de la pêche dans l'Abufera. — Culture de riz.

8.

District des Riberas del Xucar.

Culture de riz, laquelle est très-nuisible aux habitans. Dans l'espace de cinquante-sept années, le nombre des habitans de ces contrées a diminué de 1,600 ames.

Silla, à-peu-près 2,000 habitans. — C'est l'endroit le moins mal-sain. — *Almusafes*, 1,100 habitans. Le sol est très-fertile, mais faute de mains, il n'y en a guère que la moitié de cultivé. — *Benifayo*, 1,300 habitans; ils ont commencé à éloigner les champs de riz de leurs habitations, ce qui a fait diminuer la mortalité. — *Algniel*, 2,000 habitans. — La culture du riz a diminué, et la population va maintenant en croissant. — *Sollana*, 900 habitans. — Beaucoup de fièvres tierces. — *Sueca*, 4,800 habitans. Cet endroit est presque entièrement environné de champs de riz. — *Cullera*, 5,000 habitans; Assez mal saine à cause du voisinage de la mer. — Beaucoup de légumes, de bled et d'arbres fruitiers.

Algemesi; 4,500 habitans. Inondations fréquentes. — *Alcudia*, au delà de 2,000 habitans. Depuis la diminution de la culture du riz, beaucoup d'autres produits et augmentation de population. — Plusieurs autres petits endroits, mais qui en partie sont très-mal-sains et environnés de marais. — *St. Carcaixent*, 5,900 habitans; c'est un endroit très-joli, très-propre et assez sain à cause de son éloignement des champs de riz. — Bonne culture; on y trouve même des oranges et des grenades. — *Alcira*, 9,000 habitans sur une île dans le *Xucar*.

9.

District de *Valdigna*.

Montueux et plein de belles carrières de marbre, surtout près de *Buixcarro*. — Dans la vallée, les bourgades *Taberna*, de 4,000 habitans, *Benifayro* en a 900, et *Simat*, 1,300. — Culture passable. On y trouve surtout des carroubiers.

10.

District de San Felipe jusqu'à Font la Higuera.

San Felipe; 14,000 habitans au pied de la montagne *Bernisa*, avec une citadelle. — Bonne culture. — Superbes promenades. — *Huerta* très-fertile et bien arrosée. — Sa circonférence est à-peu-près de deux *leguas* carrées. — *Llosa*, sur une hauteur, 1,000 habitans. — Des carrières de plâtre. — Une foule de petits endroits, faisant à-peu-près 2,200 habitans. — Quelques métiers de passementiers. — *Canals*, 700 habitans. —

Beaucoup d'ouvrages de poterie. — Fabriques d'aloès.

Montesa, depuis le grand tremblement de terre du 23 mai 1748, n'a plus que 900 habitans. — Mauvaise culture et point d'arrosement. — *Valloda*, 1,980 habitans. —. Très-bon sol. — Des carrières de plâtre. — *Moixent*, 3,800 habitans. — Contrée et sites charmans. — Excellente culture. — *Font de la Higuera*, 2,250 habitans. — Culture médiocre ; à cause de la situation plus septentrionale de la ville le climat y est un peu plus froid.

I I I.

Troisième partie de la province à l'Ouest.

Depuis les frontières de la *Murcie* et de la *Castille* jusqu'à l'entrée de la partie du milieu, le pays est en général rude, montueux et stérile. — Faible population.

1.

District d'Ayova.

Culture passable, mais ce district est peu fertile. — La ville d'*Ayova*, 5,850 habitans; endroit agréable. — Vignes et oliviers. — Plusieurs endroits peu considérables. — Quelques carrières de plâtre.

2.

District de Cofrentes.

Pays consistant presqu'entièrement en vallées; bien cultivé et bien arrosé. — *Zarra*, 1,500 habitans. — Oliviers et arbres fruitiers. Quelques ouvrages grossiers en laine. — *Teresa*, de 2,200 habitans. — Bétail et manufactures de draps grossiers. — *Xàrafnél*; 2,000 habitans, et *Xalance*, 800 habitans. — Peu d'agriculture et du commerce de bois. — *Cofrentes*, 1,200 habitans; contrée la plus chaude. — De la soie et du vin; on en retire près de 12,000 arrobes de raisins secs.

5.

District de Cortés de Pallas jusqu'à Enguera.

Culture passable, autant que le sol le permet. — Beaucoup de sapins, de hètres, etc. — *Cortés de Pallas*, bourgade de 360 habitans. — Bétail et en général culture assez bien entendue. — Quelques fabriques d'alpargates. — *Millares*, 600 habitans qui subsistent presque du seul travail d'alpargates. On y en fait environ soixante douzaines par jour, dont la paire se vend à raison de 6 *Quartos*, (un peu plus qu'un gros, monnaie de Saxe, *deux sols.*)

Quesa, 450 habitans. — *Bicòrp*, bourgade joliment bâtie, 470 habitans, lesquels, à cause d'un commerce considérable en bois et en bétail, jouissent d'une grande aisance. — *Enguera*, 5,000 habitans. — Beaucoup de fabriques de draps grossiers, et du bon bétail; les fabriques occupent près de 3,000 habitans.

4.

4.

District de Navarrés et Sumacarcel.

Presque semblable au district précédent.
— *Navarrés*, 1,400 habitans. — Beaucoup
de culture d'oliviers et beaucoup de bétail.
— *Bolbayte*, 450 habitans. — Culture bien
entendue quoique le sol soit très-ingrat. —
Chella, 400 habitans. — Quelque ouvrages
grossiers en laine et un peu de bétail. —
Anna, 480 habitans. — Des moulins à fou-
lon. Fabriques de papier. — *Sumarcel*,
900 habitans. — Bonne culture. — Belles
carrières de marbre près d'*Argoleges*.

5.

District de Turis et Bunnol.

En grande partie infertile et dont à peine
le tiers est cultivé. — *Turis*, ville de 2,000
habitans. — Culture passable autant que le
permet le défaut d'eau. — *Bunol*, près de
1,900 habitans. — Des fabriques de draps
grossiers. — Contrée pittoresque et bien
cultivée. — *Sieteaguas*, 1,170 habitans. —

Y

Ouvrages en laine. — Carrières de plâtre. Elèves de bétail. — *Yàtoba*, de 1,200 habitans. — Un peu de bétail, mais culture très-imparfaite. — *Macastre*, 630 habitans. — *Alboraix*, 450 habitans; dans ces deux endroits, culture très-bien entendue.

6.

District de Chiva et Chefle.

Très-rude, montueux et infertile. — Plus d'un tiers non cultivé. Mais vers la plaine, culture excellente. — La ville de *Chiva*, 2,300 habitans. — *Godeleta*, 670 habitans. — *Cheste*, au dessus de 2,000 habitans. — Elèves de bétail. — Fabriques d'esparto. — Roulage.

7.

District de Liria.

En grande partie une plaine entourée de montagnes, sur le penchant desquelles sont les endroits suivans : *Naquera*, 100 habitans. — Culture industrieuse; belles carrières de marbre. — *Serra*, 700 habitans. — Des charbonnières et des fabriques d'esparto.

—*Liria*, ville de 900 habitans.—Bonne culture, surtout dans la plaine qu'on nomme
Campo de Liria. — Beaucoup d'ouvrages
en poterie, en toiles, et des fabriques d'esparto. — Des fabriques d'eau-de-vie. — Des
savonneries. — Du roulage. Assez de bien-
être.

8.

District de Petralba jusqu'à Chulillo.

Pays rude, montueux et en partie couvert de forêts. — *Petralba*, 1,210 habitans.
— Des fabriques d'esparto. — *Chestalgar*,
600 habitans. — Sol assez fertile, cependant mal cultivé, faute de bras.— *Chulilla*,
675 habitans. — Bonne culture et assez d'aisance. — *La Losa*, 750 habitans. — *Villar
de Benadaf*, 600 habitans. — Industrie et
population croissante.

9.

District de Chelva.

Un peu plus en plaine. Bien cultivé et
bien arrosé. — *Loriguilla*, 450 habitans.

— *Calles*, 1,500 habitans. — Beaucoup de charbonnières. — *Chelva*, ville de 7,200 habitans, bien bâtie. — Contrée fertile à cause des sources considérables qui s'y trouvent.— Commerce d'excellens raisins tardifs, qui rapporte annuellement près de 6,000 piastres. — Du roulage et des fabriques d'alpargates. — Industrie et activité prodigieuse. Les habitans sont renommés par leur bonhomie.

Tuexar, 2,200 habitans. — Très-bonne culture et grande fertilité. — *Sinarcas*, 675 habitans. — Excellent bétail. — *Titaguas*, 900 habitans. — Peu de culture. — Manque d'eau, et pauvreté. — *Aras*, 900 habitans. — Culture passable, mais très-circonscrite à cause de la rudesse du climat.

10.

District d'*Ademuz*.

Proche de la frontière de l'*Arragon* et de la *Castille*. — En grande partie montueux et infertile. — *Santa Cruz*, 675 habitans. — Pauvreté et misère. — *Vallanca*, 400 habitans. — Beaucoup d'abeilles. —

Castelfabib, 1,170 habitans. — Culture passable. — Excellentes noix. —*Ademuz*, 3,150 habitans. — Contrée pittoresque et assez bien cultivée. — *Puebla de San Miguel*, 650 habitans. — Du bétail et des abeilles.

11.

District d'*Alpuente*.

Presque comme le précédent, et par-ci par-là dans les vallées, assez fertile. — *Yesa*, 640 habitans. — On y élève des brebis. — *Andilla*, ville de 900 habitans. — Dans l'église principale, beaucoup de bons tableaux de *Ribalta*. — *Alcubias*, 1,963 habitans. — Excellentes carrières de marbre. — *Alpuente*, 1,800 habitans. — Culture bien entendue.

12.

District de *Segorbe*.

En général fertile et supérieurement cultivé. — *Segorbe*, 1,000 habitans; ville gaie et propre, dont les habitans sont renommés par leur industrie. — Excellente culture

Y 5

de la *Huerta*. Des fabriques de poterie ;
de papier et d'amidon. — Manufactures
d'eau-de-vie. — Des carrières de marbre.

Seneja, 1,140 habitans. — Bonne culture, surtout beaucoup de figues — *Xeldo*,
760 habitans. — *Altura*, 2,200 habitans.
Très-bonne culture. On en tire entr'autres
produits 100,000 cantaros de vin. — *Xe-
rica*, 3,800 habitans. — *Viber*, 2,200 habitans ; c'est l'endroit le plus chaud de ce
district. — Beaucoup de vin et d'arbres
fruitiers. Une partie des habitans élève
aussi du bétail. — *Teresa*, 900 habitans ;
site pittoresque et bonne culture. — Plusieurs petits endroits, dont la population
n'est pas à mépriser.

13.

District d'Ayodar.

Rude, montueux et infertile. — *Ayodar*,
450 habitans. — Pauvreté et misère.— *Gay-
biél*, 1,125 habitans. Un peu meilleure culture. — *Artana*, 3,150 habitans. — Très-
bonne culture, autant que le permet le sol.
—Des fabriques d'esparto.—Bonne *Huerta*,

attendu qu'il s'y trouve quelques établissemens pour les arrosemens. Des ouvrages
d'esparto.

Entre *Artana* et *Eslida*, des mines de
vif-argent ; mais que l'on a laissé dépérir.
Une foule de petits endroits dont la population et l'industrie ne sont pas très-considérables.

I V.

Partie méridionale de la province.

De *Albayda* jusqu'à la frontière de la
Murcie. — De belles vallées qui s'onvrent
vers la côte ; elles sont entourées de hautes
montagnes, dont les ramifications se terminent en promontoires peu élevés. —
Dans les plaines, le climat est doux. —
Excellente culture. — Grande fertilité.
— Une foule de fabriques et de manufactures. — Population toujours croissante.

I.

District d'Albayda.

Excellente vallée dans les environs de *San Felipe* ; mais les montagnes, qui s'ouvrent en cet endroit, laissent le pays exposé aux vents du Nord, et par cette raison, les récoltes de vin, d'olives et de carroubes sont très-peu assurées. — *Ontinient*, 11,700 habitans. — Des fabriques de toile et de draps. — Des manufactures de papier. — Des forges de cuivre. — Culture soignée. — Commerce de figues qui produit annuellement 25,000 arrobes.

Ayelo, 1,989 habitans. — Des fabriques de toile. — *La Olleria*, 3,960 habitans. — Des fabriques de toile. — Des vitreries. — *Agullent*, 1,200 habitans. — Des ouvrages de draps grossiers. — *Adsaneta*, 900 habitans, et *Albayda*, 5,200. — Des fabriques d'esparto. — Des blanchisseries de cire. — Des savonneries.

La Pobla, 1,668 habitans, et *Salem*, 500. — Culture un peu moins bonne; et des fabriques d'esparto et d'alpargates. — *Castello*

de Rugat, 640 habitans. — Bonne culture.
— Fabriques de poterie. — Carrières de
plâtre. — Beaucoup de vin et d'arrope,
(voyez l'article : *Vins*, p. 154.) Une foule de
petits endroits d'une forte population, dont
l'industrie et la culture sont considérables.

2.

District de Gandia.

District le plus beau, le plus fertile et
le plus doux de toute la province, (voyez
l'article *Gandia* ci-dessus, p. 228.) Le plus
haut point de beauté et de culture méridionale. — Richesse, abondance et population toujours croissante. — Fabriques de
soie.

La ville de *Gandia*, à la rive droite de
l'*Alcoy*, 6,300 habitans, extrêmement gaie
et agréable. — La *Huerta* est un véritable
paradis. — Beaucoup de métiers à soie ;
mais surtout de rubans et d'étoffes légères.
— Un peu de toileries. — De plus, vingt
autres petits endroits dans le voisinage de
la ville. — *Oliva*, 500 habitans qui ne vivent que d'agriculture, quoique le sol soit
inférieur à celui du voisinage de *Gandia*.

3.

District de Pego jusqu'à Planes.

Excellente culture sans interruption, jusqu'aux flancs des montagnes. — *Pego*, 5,000 habitans. — Bourgade bien bâtie. — Des fabriques de toile. — *Alcala de la Jovada*, 500 habitans. — Des ouvrages grossiers en laine. — *Planes*, 1,170 habitans. — Bonnes fabriques de poterie.

4

District de Concentayna.

Montueux et d'une culture très-inégale. — *Llorja*, 1,200 habitans. — Excellens abricots, dont on retire annuellement près de 60,000 arrobes. — *Gayannes*, 500 habitans. — *Concentayna*, 500 habitans. — Quelques fabriques de draps et des filatures de laine. — Culture soignée. On y recueille près de 36,000 cantaros de vin. — *Muro*, 2,000 habitans. — Culture soignée et quantité d'arbres fruitiers.

5.

District de Mariola jusqu'à Biar.

Rude et montueux, mais cultivé le mieux possible. — *Agres*, 1,260 habitans. — Commerce de neige. — Excellens légumes. — *Alfara*, 595 habitans. — Filatures de laine. — *Bocayrent*, 5,950 habitans. — Fabriques de laine et de toiles. — Savonneries. — Fabriques de papier. — Fabriques d'alpargates. — Bonne culture. — Par-tout de l'aisance et de l'activité.

Banneres, ville de 2,228 habitans. — Fabriques de laine. — Manufactures d'eau-de-vie. — Fabriques de papier. — *Benijama*, 1,428 habitans. — *Biar*, 2,800 habitans. — Fabriques de poterie, de toiles et d'alpargates. — Tuileries. — Des abeilles. — Commerce d'excellent miel, connu par son goût de romarin. — Un peu d'élèves de bétail.

6.

District de Hoya de Castalla.

Pays de vallée, entouré de montagnes.
— En avançant vers la plaine, climat très-
doux, et excellente culture. — *Castalla*,
ville de 2,800 habitans. — Fabriques d'eau-
de-vie. — Fabriques de toile et d'alpargates.
— En général, beaucoup d'activité et d'industrie. — *Onil*, 1,400 habitans. — Fabriques de poterie et de draps. — Culture
d'anis et de légumes. — Carrières de plâtre,
de chaux et de marbre. — *Tibi*, 3,200 ha-
tans. — Commerce de neige. — Filatures
de laine. — Très-beaux amandiers. — *Tibi*,
1,200 habitans. — Dans les vastes montagnes de ce district est le grand *Pontano*,
qui sert à l'arrosement de la *Huerta* d'Alicante. — *Xixona*, 4,400 habitans. — Excellente culture. — Belles fraises. — En général beaucoup d'arbres fruitiers.

7.

District d'Alcoy jusqu'à Laguar.

Pays rude et montagneux, cependant assez bien cultivé. — *Alcoy*, 14,600 habitans, ville agréable et très-propre, pleine de fabriques et de manufactures, parmi lesquelles on remarque celles en laine. — Trente-trois moulins à papier qui fournissent en partie aux provinces voisines.

Une foule de petits endroits, assez peuplés, qui, la plupart, travaillent aux fabriques d'*Alcoy*. — *Gorga*, 450 habitans. — Culture extrêmement soignée. — *Orba*, 400 habitans. — Fabriques de palmitos. — Plusieurs petits hameaux sur le penchant des montagnes, en partie assez bien peuplés.

8.

District de Denia.

En grande partie bonnes terres, consistant en vallées qui s'ouvrent vers la côte et qui sont assez bien cultivées. — *Pedreguér*, 1,600 habitans. — Beaucoup d'oliviers, d'amandiers , de carroubiers. — *Ondara*, 1,200 habitans. — Beaucoup de soie. — *Dénia* , 2,000 habitans. — Belle *Huerta*, d'excellent vin, commerce de raisins secs, dont on tire annuellement près de 12,000 arrobes. — Quelques fabriques de laine et de toile.

Castell de Castells, 800 habitans. — Beaucoup de lavande et d'objets de commerce relatifs à cette production. — Plusieurs petits endroits où la culture est très-florissante. — Beaucoup de fabriques de palmitos, cette production étant très abondante en cet endroit. — *Xabea* , 4,000 habitans , située sur la mer. — Belle contrée, et l'air extrêmement sain. — De la pêche, mais davantage encore d'agriculture.

9.

District de Granadella jusqu'à Villa-joyosa.

Petite plaine le long de la côte, par-tout hérissée de rochers. — *Benitachell*, 400 habitans. — Beaucoup de raisins secs. — *Trubada*, 1,600 habitans. — Culture soignée. — Fabriques de toile. — *Senija*, 400 habitans. — Fabriques de palmitos. — *Penisa*, 3,200 habitans. — Les meilleurs raisins *Pasas* ou secs de toute la province de Valence. (Voyez l'article *Vins*, ci-dessus.)

Calp, 890 habitans. — De la pêche. — Grand commerce de contrebande. — *Callosa*, sur la pente des montagnes, 3,200 habitans. — Bonne culture. — Fabriques d'alpargates. — *Bollulla*, 400 habitans. — Excellentes carrières de marbre entre ces deux villes. — *Altea*, 4,800 habitans. — De la pêche. — Un peu de coton. — En général culture très-soignée.

Benidorm, (voyez l'article y relatif ci-dessus p. 92) 240 habitans. — Pêche d'Atun. — Grande activité. — Filatures de laine. — *Finestrat*, 1,600 habitans. — Beaucoup de fabriques d'esparto. — *Villajoyosa*, 4,800 habitans. — Culture soignée. — Fabriques d'esparto. On y fait aussi beaucoup de filets. — *Sella*, 1,600 habitans. — Une foule d'autres petits endroits, tous habités par des gens très-industrieux. — Population toujours croissante.

10.

District d'Alicante.

Excellentes terres, consistant en vallées; les flancs même des montagnes sont cultivés. — *Alicante*, (voy. l'article *Alicante* ci-dessus p. 174.) 19 à 20,000 habitans. — *Huerta* délicieuse. — Beaucoup de commerce. (Voyez l'article *Commerce* ci-dessus p. 220.) —De la pêche.—Des fabriques d'esparto, surtout pour la marine. — *St. Vicente-del Raspeig*, 3,200 habitans. — Beaucoup de Barilla. — Une multitude d'habitations isolées et des Alforins (métairies) dans la *Huerta*, dont la population va chaque jour croissant, et qu'on fait monter au moins à 8,000 ames. — *Agost*, 1,600 habitans, très-avant dans les montagnes. — *Petrél*, 2,000 habitans. — D'excellent vin. On y trouve surtout les raisins qu'on nomme Valenciens, qui se conservent jusqu'en février.

1 L

District d'Elda.

Montueux, mais dans la plaine, très-fertile et en général supérieurement cultivé. —*Elda*, ville de 4,000 habitans. — Fabriques d'eau-de-vie. — Savonneries et manufactures de toile et d'esparto. — Fabriques de papier et des tuileries. — *Salinas*, 320, et *Monovar*, 8,000 habitans. Fabriques de toile. Bonne culture. — *Novelda*, 900 habitans. — Air très-sain, et belle situation. — Des ouvrages d'esparto en natte — *Aspe*, 5,000 habitans. — Très-bonne culture, et grande fertilité. — De belles marbrières.

12.

District d'Elche.

Excellentes terres de vallée. — Après la *Huerta* de Gandia, Valence, Alicante et Castalla, c'est un des plus beaux districts de la province. — *Elche*, 20,000 habitans, en partie dispersés dans les Alforins ou mé-

Z

tairies. — Culture de palmiers, et commerce relatif. (Voyez l'article *Palmiers*, pag. 65.) — Propreté et aisance. — Fabriques d'esparto. — Palmiers et des fabriques de palmitos. — *Crevillent*, 7,200 habitans. — Excellente culture.— Industrie grande, surtout pour l'arrosement. — Des fabriques d'esparto et de jonc. (Voyez les articles : *Fêtes d'eau*, page 129, et *Esparto*, page 119.)

13.

District d'Orihuela.

Comme le précédent. — Entre Elche et Orihuela, les *Pias fondationes*. (Voyez l'article relatif ci-dessus, p. 252.) *Orihuela*, 20,000 habitans. — Excellente *Huerta*, presque aussi belle que celle d'Alicante. — Excellentes oranges. — Beaucoup de Barilla. — Fabriques de soie. — Fabriques d'eau-de-vie. — Bien-être et abondance.

Albatera, 2,400 habitans. — *La Granga*, 800 habitans. — Beaucoup de soie. — *Catrâl*, 1,600 habitans. — Fabriques de toile et d'alpargates. — Une foule d'autres petits endroits où la culture est florissante. — *Sa-*

linos de la Mata, (voyez l'article y relatif ci-dessus, page 113.) et *Torre de la Mata*, presque en entier habité par des ouvriers qui travaillent aux salines, à-peu-près au nombre de 250.

~~~~~~~~~~~~~~~~~~~~~~~~~~~~

LES ISLES BALEARES.

I.

Mallorca.

Mallorca, située au 8 degré, 32′,35″, de longitude orientale de Cadix, ainsi qu'entre le 39 degré, 15′, 45″, et le 39 degré, 57′, 15″ de latitude septentrionale, à 25 lieues de mer de la côte espagnole, à 45 de la côte d'Afrique, à 15 de Iviça, et à 9 de Menorca, c'est la plus grande des deux îles Baleares. Elle a une étendue de 1,234 lieues carrées géographiques, et une population de 135,906 habitans.'

Topographie.

L'île se partage en deux, au moyen d'une haute chaîne de montagnes qui va du Nord-Est au Sud-Ouest. Ces deux parties ensemble contiennent 52 places, dont deux seulement sont des villes considérables, et vingt-huit des bourgs de moyenne grandeur, et toutes les autres des petits villages. Il y a outre cela une foule de métairies isolées, et des maisons de campagne, dispersées dans toute l'île.

La capitale de Mallorca est *Palma*, ville agréable et située dans une contrée charmante. Elle offre une population de 29,529 habitans ; c'est la résidence du gouverneur général des îles Baléares et Pithyuses, de l'évêque, etc. Elle est, à ce qu'on dit, bien fortifiée. Son môle a de longueur 4,380 pieds de Castille, et il est très-solidement construit ; cependant les vaisseaux ne peuvent aborder que du côté du Nord.

Pour ce qui concerne l'intérieur de *Palma*, les rues y sont étroites et sombres, mais les maisons généralement bonnes, et quelques-

nnes magnifiques , et de pierres de taille.
Depuis quelques années le pavé , d'ailleurs
très-mauvais, a été un peu réparé , et l'on
a commencé dans les meilleurs quartiers à
éclairer la ville.

Parmi les édifices publics , les plus considérables , sont le palais du gouverneur-gé-
néral, ou le *Palacio* , qui au moins à cause
de son emplacement , de son étendue , et de
ses vastes jardins, mérite l'attention des voya
geurs ; la cathédrale , qu'on peut regarder
comme un superbe monument d'architecture
gothique ; le palais de l'évêque avec ses jardins ; la bourse ; le théâtre ; la maison-de-
ville , etc. Depuis à-peu-près douze ans on a
encore établi une promenade publique ou
Alameda , qui va de la *Puerta de Jésus*
jusqu'au couvent du même nom.

La rade de *Palma* est excellente , si ce
n'est , qu'en hiver , par les grands vents de
Sud-Est , les vagues y entrent très-avant.
Un autre petit port, nommé *Puerto Pi* , est
beaucoup plus sûr , et les plus grandes frégates y peuvent mouiller ; seulement il est
fâcheux que souvent il s'encombre dans les
mois d'hiver , à cause d'un torrent bour-

beux qui s'y précipite de la montagne. Au reste la rade et le port sont défendus par deux citadelles ; l'une par le *Castillo de San Carlos*, et l'autre par le *Castillo de Belber.*

En partant de *Palma*, et en suivant la côte orientale, on trouve en premier lieu *Lluch Mayor*, qui a 5,427 habitans, située dans une plaine agréable ; à deux lieues de là est *Campos*, de 2,381 habitans, où l'on trouve des eaux minérales pour toutes sortes de maladies cutanées et de belles salines.

Plus avant, vers le Levant, est situé *Santenay*, bourg très-bien bâti, ayant 2,842 habitans, et connu à cause de ses superbes carrières de pierre. A trois *leguas* de là on trouve *Falaniche*, qui a 6,800 habitans, et qui est renommé par sa bonne eau-de-vie ; il mérite d'être vu surtout à cause d'un hermitage qui est bâti sur la pointe d'un rocher très-pittoresque ; c'est là que les Mallorcains font des pélerinages, et l'on y jouit d'une vue ravissante.

A quatre lieues de Falaniche est *Manacor*, ville qui a 5,963 habitans, et située dans une plaine très-fertile ; ce pays est connu par l'élégance de ses habitations, la plupart occupées par des nobles.

Au Nord-Est on trouve le village grand mais désert d'*Alcudia*, qui a à peine 800 habitans, et qui, malgré sa belle situation et son excellente baie, menace ruine de jour en jour. Il est à regretter que tout ce district soit un des plus infertiles et des plus mal-sains qu'on puisse trouver dans toute l'île ; ce qui donne la raison de son dépérissement.

Plus vers l'Ouest-Nord-Est, est située la ville propre et élégante de *Pollenza*, éloignée seulement d'une *legua* de la superbe baie du même nom, ayant 4,454 habitans, dans une vallée agréable et fertile ; toute couverte de métairies isolées. — Plus loin est *Soler*, qui a 5,614 habitans, dans une vallée encore plus belle et plus fertile ; cette ville forme, à cause de sa situation au pied d'une haute chaîne de montagnes, le point le plus élevé de toute l'île. On y cultive des fruits du Midi de toute espèce, et surtout une quantité incroyable d'orangers.

Z 4

Nous ajouterons à cela *Bannalbufar*, à la côte occidentale, ayant 3,345 habitans, et connu par son excellent vin, qu'on regarde comme le meilleur de Mallorca.

Dans toutes les parties de cette île, surtout dans les belles vallées de *Pollenza*, *Soler*, *Palma*, etc. on trouve, indépendamment des métairies dont nous venons de parler, une multitude de belles maisons de campagne, où la noblesse nombreuse de Mallorca, qui aime beaucoup la vie champêtre, a coutume de passer la plus grande partie de l'année. Il est seulement à regretter que les chemins, surtout dans les montagnes, soient dans le plus mauvais état possible.

Climat, sol, productions.

Le climat de Mallorca est extrêmement doux, sain et agréable. Dans les mois d'hiver le thermomètre ne descend presque jamais au dessous de 7 degrés de Réaumur, et monte souvent au 13ème. et au 16ème degré; attendu que les vents froids et impétueux du Nord y sont extrêmement rares. Dans les mois d'été le thermomètre se soutient, presque sans variation, entre 23 à 25 degrés, sans cependant que la chaleur, produite par les vents du Midi presque continuels, y soit étouffante.

Quant au sol, il varie d'une manière très-sensible dans les différentes parties de l'île. Dans les parties montueuses il est très-gras, substantiel, et il y croit beaucoup d'oliviers, etc. Dans la plaine il est beaucoup moins fertile, surtout dans les endroits où il règne beaucoup d'humidité. Au reste il existe aussi à cet égard beaucoup d'exceptions, relativement à la nature du local.

Dans les contrées montueuses, couvertes en grande partie de forêts, on a des indices de mines d'or et d'argent, de mines de très-bon vif-argent, de houilles, de terre sigillée, de marbre, etc., et d'autres richesses minéralogiques, mais dont la détermination plus précise et l'exploitation semblent être réservées pour l'avenir.

Quant aux *productions* de cette île, on trouve ce qui suit :

Du froment, bien moins qu'il n'en faut pour la consommation, surtout dans les années humides, où très-souvent la récolte ne réussit point.

De l'*huile*, en grande abondance. Les habitans s'appliquent avec beaucoup d'industrie à la culture des olives, et les regardent comme leur richesse principale; ces olives sont plus petites que celle de l'Andalousie, mais elles donnent aussi autant d'huile que les meilleures de Provence. La récolte et le pressurage s'y font avec beaucoup de soin et d'économie. On y trouve quelquefois des moulins dont les meules sont de jaspe.

Du *vin*, en abondance. On en a du rouge et du blanc; le meilleur croît dans les montagnes près de *Bannalbufar*. Le vin qui ne se consomme pas dans l'île, ou ne s'exporte pas, sert à faire de l'eau-de-vie. La meilleure et la plus forte se fabrique à *Falaniche*.

Des *fruits*, en grande abondance, et de toutes les espèces, entr'autres des dattes, des oranges, des figues, des melons, des amandes, des câpres et des cédras.

Des *légumes*, en grande quantité, et d'une qualité supérieure, surtout des fèves, des citrouilles et des choux-fleurs.

Du *safran*, en moindre quantité. Il est cependant meilleur que celui de la Mancha. — Un peu de soie.

Les élèves de *bétail* ne sont pas considérables, quoiqu'il y ait de bons pâturages; en voyant les moutons et les cochons (1) de cette contrée, on présume qu'on pourrait y élever d'excellens bœufs. Mais les habitans semblent préférer l'éducation des mulets. Les baudets mallorcains sont très-recherchés. On en envoie en grand nombre, surtout les étalons, dans les parties méridionales de l'Espagne.

Cette île a indépendamment des produits, que nous venons de citer, une grande quantité de gibier de toute espèce, surtout de perdrix, de bécasses, et d'autres oiseaux de passage; on y trouve aussi beaucoup de lièvres et de lapins. Les côtes fourmillent de poissons, qui cependant ne sont pas du meilleur goût, de bonnes moules, d'huîtres, etc. en très-grande abondance.

---

(1) On a à Mallorca des cochons de 440 et même de 600 livres pesant. On en peut voir un empaillé, lequel n'avait qu'un an et demi, dans le Cabinet d'Histoire naturelle de Madrid.

Commerce.

Mallorca exporte : de l'*huile* pour la côte d'Espagne et les îles ; du *vin* et de l'*eau-de vie* pour l'Angleterre ; des *câpres* pour la côte et la France ; des *fruits du Midi*, surtout des oranges, pour l'Angleterre, pour le Nord, pour la côte, et pour les îles. — Un peu de *soie*, de *légumes*, des *moutons*, des *cochons* et des *mulets* pour la côte.

Indépendamment de ces produits naturels, *Mallorca exporte* encore en produits industriels, des ouvrages de vannerie et des balais de palmes pour Marseille, des ouvrages de menuiserie pour la côte et les îles ; enfin une espèce de chapeaux vernissés et imperméables à l'eau, à l'usage des marins pour les côtes, l'Angleterre, la France et Gênes, et en très-grande quantité (1).

---

(1) Parmi ces chapeaux, les noirs sont les meilleurs et les plus durables ; quant à ceux en couleur, le vernis s'en détache à la longue et disparaît enfin totalement.

Quant à l'importation, elle consiste en froment, du bœuf salé, du fer, du sucre, des épiceries, des peaux, des draps, de la quincaillerie et d'autres articles de luxe, qui la plupart viennent de la côte et de la France, et en moindre quantité du Nord et de l'Angleterre. En général la balance du commerce semble être beaucoup en faveur de Mallorca.

Habitans.

Les habitans de Mallorca ont une ressemblance frappante avec les Catalans, tant au physique qu'au moral. Ils sont, ainsi qu'eux, robustes, braves, francs, actifs, laborieux, aussi bons marins et aussi bons agriculteurs ; aussi leur langue n'est-elle au fond qu'un patois catalan corrompu. D'ailleurs il a déja été assez parlé de leur agriculture et de leur industrie, pour n'avoir plus rien à ajouter.

Peut-être même dans ces derniers tems les Mallorcains se seraient pareillement distingué dans les sciences, s'ils eussent eu des institutions faites pour les faire prospérer. Mais l'ancienne université de Palma, presque absolument abâtardie, aurait besoin d'une réforme générale; et il faudrait que les écoles primaires des districts fussent différemment organisées, etc., etc.

Cependant la *société patriotique* de Mallorca, à qui on ne saurait donner de trop grands éloges, a au moins établi une école gratuite pour les mathématiques et le dessin, ainsi qu'une école de navigation, qui n'est pas sans quelque succès.

Observations diverses pour les étrangers.

Il existe à *Palma* deux bibliothèques publiques ; savoir, la bibliothèque épiscopale, et la bibliothèque de la ville. La dernière est la plus riche; on y trouve une foule d'anciens ouvrages espagnols, et de manuscrits curieux et rares, concernant l'histoire de l'Espagne méridionale.

Il y a aussi dans cette ville deux imprimeries, où l'on imprime un *Diario*, ou journal de notices; indépendamment d'un extrait de la Gazette de Barcelone; espèce de feuille économique qui paraît une fois par semaine.

On trouve aussi à Palma une foule d'excellens tableaux de *Raphaël*, de *Jules-
Romain* ou *Corrèze*, du *Titien*, de *Paul-
Véronèse*, de *Rubens*, de *Van-Dyk*, et d'au-
excellens maîtres qui méritent toute l'attention de l'étranger. Vu la cordialité et la
franchise des Mallorcains, les voyageurs, et
surtout les Allemands, sont reçus dans ces
cabinets et jouissent de ces richesses.

C'est ainsi qu'on trouve, par exemple,
chez le *Marques de Villafranca* une esquisse de la transfiguration de Raphaël; chez
Don Juan-de-Salas, le Christ sur Gol-
gotha, la Ste.-Vierge, St.-Jean et la Mag-
delaine de Raphaël ; chez M. *Berard*,
une Madonne avec l'Enfant-Jésus, pareillement de Raphaël.

Chez le *Marques de Campo-Franco*, on
trouve une Descente de Croix de Jules-
Romain ; chez *Don Ramon-Tortany*, la
Madonne avec l'Enfant-Jésus, et San Juan
du Corrège ; chez *Don Anton-Berard*, un
Christ et la Madonne avec l'Enfant-Jésus
du Titien.

Don Pedro - Vidal possède plusieurs
grands tableaux de Paul-Véronèse ; *Don*

Juan-de-Salas, un Saint-Jérôme de Rubens; la Maison-de-ville un St.-Sébastien de Van-Dyk, sans parler de plusieurs autres tableaux de maîtres espagnols et mallorcains , par exemple , Conca , Beslard , Mesquida , etc. , qu'un voyageur instruit reconnaît au premier coup-d'œil.

De même on trouve à Palma quelques jolis cabinets d'histoire naturelle , très-complets surtout pour ce qui concerne les productions de l'île. Un des plus considérables est celui de *Don Christoval de Villella,* chez lequel on trouve aussi une multitude d'objets d'art, par exemple , un bas-relief des côtes de l'île , fait de différentes algues , coquilles , et plusieurs sortes de bois indigènes , etc.

Il mérite enfin d'être observé, que *Don Buenaventura-Serra*, auteur de la chronique de Mallorca , mort en 1784 , et connu par plusieurs écrits historiques sur Mallorca (1) a laissé après lui parmi une foule

_____

(1) *Glorias de Mallorca. En Palma* , 1769 , in-4°. Il n'en a paru qu'un volume. On y trouve plusieurs traités relatifs à l'Histoire de Mallorca, etc.

d'autres

d'autres, écrits tels qu'un recueil complet
d'une histoire naturelle de cette île qui est
dans la bibliothèque de la ville. Ce sont,
dit-on, quatre volumes in-folio, dont deux
contiennent une Flore de Mallorca.

I I.

Menorca.

Menorca, située entre le 10 degré, 9′, 20″,
et 10 degré 42′, 15″ de longitude occidentale de Cadix, et entre le 39 degré, 47′,
et le 40 degré, 41′, 45″ de latitude septentrionale, a une étendue de 236 lieues
carrées géographiques ; une population
de 26,991 habitans, et se divise en
quatre districts ou *Terminos* : *Mahon*,
Alayor, *Mercadel* et *Ciudadela*.

Topographie.

1.

Mahon.

Dans toute l'étendue du district on compte 14,000 habitans ; *Mahon* qui en est la capitale , est bâti sur une hauteur *qui* domine tout le port.

Mahon a en général un très-bon sol , cultivé en grande partie à la manière anglaise ; on doit aussi beaucoup aux Anglais pour ce qui concerne le pavé , l'éclairage , etc. Au pied de la hauteur où est situé Mahon , règne un beau môle , avec des magasins superbes pour la marine , et où les plus grands vaisseaux peuvent mouiller.

Au dehors des anciens murs de Mahon , dont il subsiste encore par-ci par-là des débris , on trouve vers l'entrée du port une file de nouvelles maisons qu'on peut regarder , en quelque sorte , comme les faubourgs de la ville. On y remarque surtout la *Calle-del-Arrabal* à l'Ouest , qui offre

des édifices très-propres ; et bien construits.

Le port de Mahon est un des plus grands
et des plus sûrs qu'on puisse trouver, et l'on
y a vu plus d'une fois trois grandes esca-
dres à une distance considérable l'une de
l'autre. Sur une petite île très-proche de
l'embouchure du port, et située vis-à-vis
la pointe qui fait face aux faubourgs, est
l'hospice où l'on fait la quarantaine (1). Sur
une autre île un peu plus grande, presque au centre du port, vis-à-vis de la partie
postérieure du faubourg, est le bel hôpital
de la marine, qui peut contenir 700 malades (2).

A une distance de quatre lieues géographiques de Mahon, sont ce qu'on appelle les

_____

(1) C'est de là que l'île tire son nom : *Isleta de qua-
rentena.*

(2) Au reste, il n'y en a jamais que cent à-peu-près.
Une aîle de ce vaste bâtiment sert d'ordinaire d'habitation au gouverneur. Indépendamment de l'air pur
et salubre qu'on respire à Menorca, on dit aussi
qu'il s'y trouve bien moins de *Mosquitos* que dans
les autres îles Baléares. — Au reste, elle porte aussi
le nom de *Isla del Rey.*

Buferas, ou lagunes, qui ne sont séparées de la mer que par une grève étroite, et qui offrent une eau salée qui fourmille d'une grande quantité de poissons. Vis-à-vis on voit à une distance de cinquante toises du rivage, l'*Isla de Colom*, que l'on appelle aussi *Conejera*. Elle a 600 toises de long sur 400 de large, et elle est habitée par une foule incroyable de pigeons sauvages et de lapins.

Indépendamment de ce que nous venons de dire, les ruines du fort de *San - Felipe*, vis-à-vis du môle, la pêche des huîtres dans le port, et les fortifications de Mahon, méritent toute l'attention du voyageur.

2.

Alayor.

Ce district est long de huit lieues carrées géographiques, et large de sept ; il a une population de 3,960 habitans. Le chef-lieu de ce district est *Alayor*, avec d'assez belles maisons, quoique les rues en soient étroites et pour la plupart mal pavées. Dans tout le district on chercherait en vain une source d'eau vive ; ainsi il faut se borner à l'eau de citerne, qu'au reste on a le secret de bien conserver.

3.

Mercadel.

Elle a de longueur douze lieues géogra_phiques, et dix de largeur. On en porte la population tout au plus à 1,700 ames. — La ville *Mercadel* n'a rien de remarquable, mais elle est située dans la proximité du *Monte-del-Toro*, la plus haute montagne de l'île ; comme elle en est au centre, on jouit de là d'une vue superbe qui embrasse toutes les parties de l'île. Le *Toro* ressemble à un pain de sucre renversé. C'est dans ce district que se trouve le port *de Fornels* qui, à la vérité, a plusieurs bas-fonds, mais qui ne laisse pas, en cas de besoin, de former un assez bon port pour les vaisseaux qui vont à Marseille. Au *Termino* de *Mercadel* est uni celui de *Ferreiras*, auquel on donne une longueur de dix lieues géographiques. Sa largeur varie d'une à quatre lieues, et sa population monte à 2,596 habitans. Dans ce

Aa 5

district la *Granga de Adaya* mérite surtout d'être vue ; c'est une vallée charmante
longue de deux lieues sur ⅛ à 1 ½ lieue.

On a appelé avec raison cette vallée le
paradis de Menorca ; car on y trouve les
plus superbes fruits du Midi, les champs
les plus plantueux, l'air le plus pur et le
plus doux, et la plus excellente eau de
toute l'île. Ainsi la *Granga de Adaya* est
couverte d'une multitude de belles maisons
de campagne.

4.

Ciudadela.

Long de dix lieues, et large de cinq à
huit, ayant 6,233 habitans. Le chef-lieu de
ce district, du même nom, anciennement
très-brillant, était la *capitale de l'île*, et
son excellent port était fréquenté de préférence par les vaisseaux étrangers. Mais
lors de la première conquête de l'île par les
Anglais, au commencement du dernier
siècle, Mahon fut déclarée capitale de l'île,
et *Ciudadela* tomba insensiblement en décadence. Elle n'en a pas moins continué

à être le séjour favori de la noblesse menor-
caine, de manière qu'il règne toujours dans
cette ville un air de vie et de magnificence.

Au reste tous ces districts communiquent
entr'eux par d'excellens chemins, dont on
doit pareillement l'établissement aux Anglais (1), et que le gouvernement espagnol cherche à entretenir avec un soin
particulier.

Climat, sol et productions.

Il s'en faut beaucoup que le climat de
Menorca soit aussi doux et aussi agréable
que celui de *Mallorca.* Les mois d'hiver
y sont, à cause de la fréquence des vents
impétueux du Nord, beaucoup plus froids;
et les mois d'été d'une chaleur excessive;
à quoi il faut ajouter l'incommodité extrême
que donnent les milliers de *Mosquitos*; mais
en général l'air de Menorca ne doit pas
être mal-sain.

---

(1) Dans les années 1713 à 1715, sous le gouverneur d'alors, le brigadier *Kane*, s'est généralement
acquis beaucoup d'estime en cette île.

Pour ce qui concerne le sol, il est extrêmement inégal et rempli de petites hauteurs et de vallées, de manière que dans toute l'île, il n'existe point, à proprement parler, de plaine. Les hauteurs offrent un excellent sol ; au lieu que les vallées, là où le sol n'a pas été bonifié par l'art, ne sont presque pas susceptibles de culture.

Menorca n'a que très-peu de montagnes considérables ; et les deux ou trois plus hauts pitons du *Monte del Toro*, ne sauront soutenir la comparaison avec les plus petits de Mallorca. On a découvert en plusieurs contrées des indices de plusieurs sortes de minéraux, entr'autres du fer, du plomb et du cuivre, mais dont on ne peut guère espérer aucun résultat, à cause de l'insouciance où l'on est à cet égard.

On pourrait tirer un bien meilleur parti des marbrières qui sont en très-grande quantité à Menorca ; à tel point qu'à deux pouces au dessous de la terre végétale on rencontre le marbre. Il en existe quelques quantités dont la finesse et la beauté ne laissent rien à desirer ; cependant on ne voit pas qu'on en fasse aucun usage. Le seul objet qu'on exploite, sont les carrières dont on tire des pierres de taille, appelées ici *Cantons.*

Menorca manque essentiellement de bois, et dans toute l'île, à l'exception de quelques bouquets d'*encinas* (1), on ne trouve point de bois. Les dévastations multipliées pendant les guerres, ont affligé ce pays, et les vents impétueux du Nord, très-nuisibles aux plantations, en sont, à ce qu'on dit, les principales causes.

Quant aux produits de cette île, on a les suivans :

Du froment et de l'orge ; surtout le premier d'une médiocre qualité ; les terres donnent à peine les deux tiers de ce qui est nécessaire aux habitans. Le produit principal de cette île est le *vin*, dont on exporte une quantité considérable ; mais sans les vents du Nord, dont nous venons de parler, la récolte serait bien plus ample. On trouve aussi beaucoup de *laine*, laquelle très-recherchée.

Du fromage, si excellent, qu'en Italie on le préfère même au parmesan. De l'*huile*,

_____

(1) *Quercus Hex* de Linnée.

très-peu ; les vents du Nord étant également nuisibles aux oliviers. On jugera de la grandeur de cet inconvénient, lorsqu'on saura qu'un jardin à l'abri de ces vents destructeurs produit souvent 200 pour 100 de plus. Du *miel* excellent ; surtout le superfin, et il est par conséquent très-recherché. Du *sel*, seulement dans les salines de *Fornells*, mais qui, étant peu soluble, n'est pas d'une très-grande utilité.

Des fruits: on n'en manque pas à la vérité, mais il s'en faut bien qu'ils soient aussi bons et en aussi grande quantité qu'à Mallorca. En récompense, la plus grande richesse en *légumes* de tout genre, surtout dans le district de Mahon, ce qu'on doit surtout aux encouragemens de cette culture prodigués par les Anglais. Indépendamment de ces objets, l'île abonde en gibier, poissons et huîtres de toute espèce, parmi lesquelles celles du port Mahon sont les plus recherchées. Au reste, les habitans s'occupent aussi de l'éducation du bétail, surtout de celle des brebis et des mulets.

Commerce.

L'exportation se borne au vin, à la laine, à la cire, au sel et à une petite quantité de câpres, dont la plus grande partie va à la côte, aux îles et à Gênes; et un peu en France, en Angleterre et dans le Nord.

Les objets d'importation consistent en huile, froment, eau-de-vie, tabac, toile, draps, riz, bois et marchandises de bijouterie, d'épiceries et de coton; enfin, en plusieurs articles de luxe qu'on tire de la France, de Gênes de Mallorca et d'Angleterre. La balance est au désavantage de l'île; ce qu'il serait très-facile de prouver.

Habitans.

Les habitans de Menorca sont ardens, courageux, dispos et très-propres à la marine. Ils ont toute la vivacité d'esprit des Mallorcains, peut-être même à un degré supérieur. Ils sont extrêmement alertes, grands parleurs et portés à la gaieté. Par leur long commerce avec les Anglais, ils ont en général acquis, surtout dans le voisinage de la capitale, une certaine culture qu'on ne trouve guère chez les insulaires voisins. Ne possédant cependant pas un aussi beau climat et un sol aussi favorable, leur aisance ne saurait se comparer à celle dont jouissent les Mallorcains. Au reste, les habitans de ces deux îles ont une infinité de ressemblances par rapport à la langue, à la religion et aux mœurs.

Voilà une description succincte des *Isles Baléares*, qui offrent au géographe et au naturaliste, à l'antiquaire et à l'historien, à l'amateur de la statistique et au moraliste, mille observations importantes. Il n'existe presque aucun ouvrage sur Mallorca : sur Menorca nous avons bien quelques ouvrages estimables de *Cleghorn*, *Armstrong*, et surtout de *Lindemann*; mais depuis l'époque où ils ont paru, les sciences y ont fait des progrès très-sensibles. Ainsi, un nouveau voyage aux îles Baléares et un tableau exact et complet de leurs territoires, serait un ouvrage utile et estimable.

LES ISLES PITHYUSES.

Tel était le nom que les Grecs donnaient jadis , à cause des forêts de pins dont elles sont couvertes, aux îles de la côte de Valence. Elles sont aujourd'hui appelées *Iviça, Formentera* et *Conejerà*. Nous allons donner plusieurs détails sur ces îles , dont quelques-unes sont peu connues des géographes.

~~~~~~~~~~~~~~~~~~~~

I v i ç a.

Cette ile est située au 7ᵉ. d. 38′. 2″. de longitude orientale de Cadix , et au 38ᵉ. d. 53′. 16″. de latitude septentrionale. C'est la plus grande et la plus peuplée ; elle a environ sept *leguas* dans sa plus grande largeur, et une population de 12,800 ames.

Elle se partage en cinq districts appelés. *Quartones.* Ces Quartones sont : *El Quarton del Llane de la Villa* ; *el Quarton de Santa Eulalia* ; *el Quarton de Balanzat* ; *el Quarton de Pormany* ; *el Quarton de las Salinas.*

I.

El Quarton del Llano de la Villa.

Cette partie comprend un district de 1 et demi *legua* qui est le principal, à cause de la capitale *Iviça*. Cette ville compte 2,600 ames, ce qui, avec les autres 900 habitans, dispersés dans les diverses métairies, compose dans tout ce quarton, une population de 3,500 ames.

La ville d'*Iviça*, excepté la citadelle et le port, n'a rien de remarquable. Ce port est le premier de l'île; il est très-spacieux et très-commode; à l'exception d'un petit point vers le Midi, il est garanti contre tous les vents.

L'ancrage en est excellent; mais le port aurait besoin d'être curé, vu la grande quantité de lest que les vaisseaux qui viennent chercher du sel, y déchargent continuellement. Comme le rivage contient beaucoup de sable mouvant, on aurait peu de peine à élargir son bassin, et alors *Iviça* serait peut-être le second port dans la Mé-

diterranée. Les côtes de ce quarton s'é-
tendent de *Cabo Andreus* jusqu'au *Cala
Quifeu.*

2.

El Quarton de Santa Eulalia.

Ce quarton est celui qui contient la plus
grande population; il compte dans un district de quarante *leguas*, 4,000 habitans, qui
sont tous dispersés dans des métairies (*caserias*). Voilà pourquoi on ne trouve pas,
dans tout ce quarton, un seul village. La
côte de ce quarton commence près de *Salto
de Serra*, et s'étend jusqu'à *Cala de Be-
nirraix.*

3.

El Quarton de Balanzat.

Ce quarton comprend un district de trois
leguas, et une population de 2,300 habitans, dispersés de même dans des fermes.
C'est la côte de *Puerto Balanzat* jusqu'à
Puig de Nono.

4.

El Quarton de Pormany.

Ce quarton comprend un district de quatre *leguas*; sa population monte à 2,100 habitans, dispersés de même dans des *caserias* isolées. C'est la côte de *Puerto Magno* jusqu'à *los Cabells*.

5.

El Quarton de las Salinas.

Deux *leguas* de district, avec 900 habitans, dispersés comme les autres. C'est la côte de *Puerta* de *Purroig*, jusqu'au port de la capitale.

Climat, sol et productions.

Le climat est extrêmement doux et sain; seulement on y est incommodé par les vents chauds d'Afrique. En hiver le thermomètre est constamment entre 11—16 degrés de Réaumur; en été, entre 21—25; mais l'air est souvent rafraîchi par les brises. Dans toute

toute l'étendue de l'île on ne trouve pas
un animal vehimeux ni une bête féroce.

L'île d'*Iviça* est assez généralement montueuse ; ses montagnes sont couvertes de
forêts épaisses de pins. Le sol est très-propre
à toutes les productions de l'Espagne méridionale, surtout à l'olivier ; mais il est
fâcheux que l'on se borne aux objets suivans :

Beaucoup de *froment*, du *vin* très-estimé,
et que les vaisseaux qui vont chercher du
sel, exportent en assez grande quantité.
— De l'*huile*, qui égale la meilleure huile
d'Espagne. — Des *fruits du Midi*, surtout
des amandes, des figues et des melons
d'eau. — Du *chanvre*, du *lin*. — Ajoutons-y
un peu de bétail et un peu de poisson.

Mais le plus grand revenu de *Iviça* consiste dans son *sel marin*, qui s'exploite ici
comme ailleurs, dans treize salines. On fait
monter ce produit, année commune, à
20,250 *Modins*, dont chacun rapporte
60 réaux ou 3 piastres. Le roi gagne sur
chaque *modin*, 48 réaux, et n'en laisse
que 12 aux habitans.

On a, à Iviça, du sel *blanc* et du sel

B b

rouge. Le premier s'exporte plus fréquemment sur les vaisseaux du Levant, et le second sur ceux du nord de l'Europe. Au fond, ces deux espèces de sel ont la même qualité; la couleur ne provenant que du sol des salines. Quand on manque de *sel rouge*, on mêle un peu de terre rouge avec le sel blanc; on calcule qu'il vient chaque année plus de cent bâtimens à Iviça pour y charger du sel.

Les habitans d'Iviça sont en général d'une taille moyenne; ils ont le teint jaune comme du citron; mais ils sont d'une adresse extrême, très-courageux, et surtout excellens marins; leur jargon est un patois valencien, catalan et mallorquin, mêlé d'un grand nombre de mots arabes altérés; leurs mœurs sont rudes, et leur caractère ne tient rien de l'amabilité valencienne.

Autant ils sont braves et actifs sur mer, autant ils sont indolens et paresseux pour l'agriculture et toutes autres branches d'industrie. Ils travaillent à peine un tiers de leurs terres, et il ne labourent même leurs champs qu'une seule fois. Leurs oliviers dégénèrent et parviennent à peine à qua-

rante ans ; leur huile s'altère considérable-
ment par leur mauvaise manière de l'extraire, et même ils en perdent une grande
quantité.

Autrefois il y avait chez eux plus d'*Almadrabas* ; mais les habitans actuels ne
sachant comment faire à cet égard, et (ce qui
est pis encore ,) ne voulant point apprendre
la méthode des Valenciens , ils abandonnent totalement cette branche d'industrie.

Il en est de même par rapport à leurs
ouvrages de poterie dont autrefois , vu
l'excellente qualité de leur argile , ils fai-
saient un grand débit. Aujourd'hui cette
fabrique est entièrement nulle , et les habitans sont réduits à acheter toute leur vais-
selle aux Mallorquins.

On a la même indifférence relativement
à toute autre branche d'industrie qu'on
cherche à introduire dans ce pays : témoin
la culture du mûrier pour la nourriture
des vers à soie, qu'un des derniers gouverneurs a beaucoup favorisée. Malgré
les avantages que les habitans en eussent
pu retirer , ils persistent toujours dans leur
insouciance et leur inactivité.

En général ils ont un éloignement décidé pour toute espèce d'amélioration. Un jour un Valencien industrieux voulait labourer son champ selon la méthode de son pays; mais ils le contraignirent par leurs menaces à renoncer à cette idée. Il y allait de sa vie; ainsi, il finit par suivre leur manière.

Il n'y a donc pas de quoi s'étonner, s'il n'existe presque point de commerce dans Iviça. Seulement les habitans exportent sur leurs chebecs un peu de bois de construction à Carthagène et à Menorca, et des cargaisons peu considérables d'amandes et de melons d'eau.

On ne peut cependant voir sans regret combien cette île pourrait être florissante. Située entre deux grandes parties du monde, à la proximité l'une de l'autre, elle était avant la découverte des Indes occidentales, l'entrepôt des richesses de l'Orient. De quelle prospérité ne pourrait-elle pas jouir, fournissant en abondance tout ce qui est nécessaire à la vie, et son sol étant propre à une infinité de productions, qui pourraient devenir une source inépuisable d'industrie

et de commerce ! Au lieu de cette petite
troupe de misérables matelots, ne vaudrait-
il pas mieux pour elle qu'elle se peuplât
de ces colons laborieux que l'Amérique
septentrionale engloutit chaque année pour
le malheur de l'espèce humaine en Europe?

Formentera.

Elle est située au 7e. degré, 38′, 13″, de
longitude orientale, et au 38e. degré, 57′,
5″, de latitude septentrionale, à deux
lieues de mer d'Iviça. — Sa plus grande
longueur est de 3 *leguas*; et la plus grande
largeur de 2 *leguas*; quoique dans certains
endroits elle ait à peine trois portées de
fusil de largeur. — Elle a une population
de 1,200 habitans, qui vivent dispersés dans
des *caserios* isolés. — Son produit principal consiste en froment; et c'est de là que
l'île tire son nom.

Tout ce que nous venons de dire relativement au climat, au sol, à l'agriculture
et aux habitans d'Iviça, convient pareille-

ment à cette dernière île. Il faut observer encore que les habitans d'Iviça ainsi que ceux de Formentera, se sont rendus tellement redoutables aux corsaires algériens, que leurs côtes, cinquante ans même avant le dernier traité de paix avec l'Espagne, n'en ont jamais été inquiétées.

Le gouvernement espagnol s'est aussi occupé dans ces derniers tems, de l'amélioration d'*Iviça* et de *Formentera* ; entre autres choses il a accordé une pleine franchise pour l'exportation de leurs produits, à l'exception du sel ; mais tant que les bras manqueront et que l'éducation publique sera *vicieuse*, toutes ces mesures, d'ailleurs excellentes, seront inutiles.

La Connejera.

Un peu de bois. — Du reste, inculte et inhabitée.

~~~~~~~~~~~~~~~~~

Court aperçu d'Iviça et de Formentera.

Population totale, . . . 14,000 ames.
Étendue , 296 lieues carrées.
Population sur une lieue carrée, 59 ames.
Supérieure à celle de l'Espagne sur une lieue carrée, de . . . . . . 12 ames.
Inférieure à celle de la France sur une lieue carrée, de . . . . . 43 ames.
Inférieure à celle de l'Angleterre sur une lieue carrée, de . . . . . 20 ames.

* * *

Indépendamment de quelques manuscrits que nous avons été à même de consulter, nous avons puisé une grande partie de ces

détails, sur les îles Baléares et les îles Pithyuses, dans le livre suivant :

Descriptiones de las Islas Pithyusas y Baleares.
En Madrid, 1787, in-4°., pag. 21 à 113, pag. 114
à 156.

I I.
APPENDICE.

ESSAI

D'UNE

FLORE DE VALENCE.

Ce

ESSAI

D'UNE

FLORE DE VALENCE.

I.

Monandria.

En Latin.	*En Espagnol.*	*En Valencien.*
Salicornia herbacea.	Salicornia herbac.	Salicor herba-salada.
— fruticosa.	— lennosa.	— dur.
Chara vulgaris.	Chara vulgar.	Asprella prudenta.

I I.

Diandria.

Jasminum frutic.	Jazmin amarillo.	Jesmil groch.
— grandiflora.	— real.	— de flores grans.
Ligustrum vulgare.	Aligustre ou Al-henna.	Olivella ou Aligus-tre.
Phillyrea media.	Labiérnago mediano.	Aladérn micha.
— angustifolia.	— de hojas angost.	— allitendre.
Olea europaea.	Olivo comun.	Olivera ou Ulla-stre.
Syringa vulgaris.	Lila comun.	Sirimomo bort.
Veronica Beccabunga	Veronica becabunga.	Veronica becabunga.
— Anagallis.	— anagalide.	— creixens.
— hederifolia.	— con hojas de bie-dra.	— grinchots.

Cc 2

En Latin.	En Espagnol.	En Valencien.
— laciniata.	— con hoj. recortad.	— en fulles retalla- das.
— verna.	— de primavera.	— de primavera.
Verbena officinalis.	Verbena oficinal.	Verbena oficinal.
— nodiflora.	— de nudos floridos.	— de nucs florits.
Lycopus europaeus.	Pie de lobo europeo.	Peu de llop d'Europa.
Rosmarinus officin.	Romero oficinal.	Romér oficinal.
Salvia officinalis.	Salvia oficinal.	Salvia oficinal.
— verbenaca.	— con hojas de ver- bena.	— tarrec.
— aethiopis.	— oropesa.	— oropesa.
— clandestina.	— clandestina.	— clandestina.
Fraxinus ornus.	Fresno de flor.	Fleix de flor.
Salix alba.	Sauce blanco.	Salfér blanch.
— viminalis.	— mimbrera.	— mimbrér.
Serapias rubra.	Serapias roxa.	Serapias bermella.
— latifolia.	— de hojas anchas.	— de fulles amples.
Orchis abortiva.	Orquis abortiva.	Orquis abortiva.
— conopsea.	— conopsea.	— conopsea.
— latifolia.	— de hojas anchas.	— de fulles amples.
— militaris.	— militar.	— militar.
Ophrys spiralis.	Ofris espiral.	Abellera espiral.
— lutea.	— amarilla.	— groga.
— Scolopax.	— chocha.	— becada francesa.
— insectifera.	— insectifera.	— mosquera.

III.

Triandria.

Valeriana rubra.	Valeriana encarnada.	Valeriana bermella.
— augustifolia.	— de hoj. angostas.	— de fulles estretes.
— Phu.	— de jardin.	— de jardi.
— Locusta.	— comestible.	— comestible.
— officinalis.	— oficinal.	— oficinal.
Valeriana plumbagi- nea.	Valeriana velesa.	Valeriana verdoliva.
Cneorum tricoccon.	Olivilla tricapsular.	Camelea tricapsular.
Loeflingia hispanica.	Loëflingia de Espana.	Loëflingia d'Espana.
— pentandra.	— de cinco estam- bres	— de cinc estams.
Polycnemum arven- se.	Polignemo de cam- pos.	Polignemo de camps.
Crocus sativus.	Azafran cultivado.	Safra cultivat.

En Latin.	En Espagnol.	En Valencien.
Gladiolus commun.	Estoque - yerba comun.	Espadella vulgar.
Iris germanica.	Iris lirio-cardeno.	Iris lliri-blau.
— Pseudacorus.	— falso acoro.	— lliri-groch.
— Sisyrinchium.	— sisirinquio.	— sisirinquio.
— spatulata.	— espatulada.	— espatulat.
Schoenus mariscus.	Esqueño marisco.	Mansega de riu.
— mucronatus.	— con puntas.	— marina.
Cyperus longus.	Juncia larga.	Junsa llarga.
— esculentus.	— avellanada.	— chufera.
— junciformis.	— junquera.	— pareguda al junch.
Scirpus palustris.	Cirpo de lagunas.	Cirp de marjals.
— acicularis.	— en agujas.	— en agulles.
Scirpus lacustris.	Cirpo de estanques.	Cirp d'estancs.
— holoschoenus.	— parecido al junco.	— a manera de junch.
— romanus.	— romano.	— roma.
— mucronatus.	— puntiagudo.	— puntiagut.
— maritimus.	— maritimo.	— mari.
Nardus stricta.	Nardo apretado.	Nard apretat.
Rottböllia incurvata.	Rottbollia encorvada.	Rottbollia encorvada.
Lygeum spartum.	Albardin.	Albardi.
Saccharum Ravenae.	Canamiel de Ravena.	Caunamél senill.
— sisca.	— sisca.	— sisca.
Phalaris canariensis.	Alpiste de Cadarias.	Esquellola de Canaries.
Panicum viride.	Panizo verde.	Panisola verda.
— dactylon.	— grama oficinal.	— gram.
— verticillatum.	— verticilado	— llapases.
— crus galli.	— pie de gallo.	— peu de gall.
— aristatum.	— con aristas.	— en aristes.
Milium effusum.	Mijo esparcido.	Mill espariamat.
— tenellum.	— tierno.	— tendre.
Agrostis pungens.	Agrostide que punza.	Agrostis punchosa.
Aira caryophyllea.	Heno alclavelado.	Fé ou Fenas aclavellat.
Melica ciliata.	Melica pestannosa.	Melica pestanosa.
— nutans.	— que bambalea.	— que bambolecha.
Poa bulbosa.	Poa bulbosa.	Pastura bulbosa.
— annua.	— anua.	— annual.
— eragrostis.	— eragrostide.	— eragrostis.
— maritima.	— maritima.	— maritima.
— aspera.	— aspera.	— aspra.
— tremula.	— tremula.	— caparrera.
Cinosurus lima.	Cynosuro lima.	Coa de gos en llima.
— aureus.	— dorado.	— daurada.

En Latin.	En Espagnol.	En Valencien.
Festuca duriuscula.	Festuca durilla.	Festuca dureta.
— phoenicoides.	— fenicoides.	— punchosa.
Bromus mollis.	Kromo blando.	Brum suau.
— squarrosus.	— desparramado.	— de cristes uverdes.
— ruber.	— bermejo.	— roigénch.
Stipa pennata.	Esparto plumoso.	Espart en plomes.
— tenacissima.	— de esteras.	— de estores.
— retorta.	— retorcido.	— de aristes en cordéll.
Avena sterilis.	Avena estéril.	Avena cugula.
— sativa.	— cultivada.	— cultivada.
Arundo Donax.	Cana donax.	Cana donax.
— phragmites.	— carrizo.	— carris.
— arenaria.	— de arenáles.	— de arenals.
Lolium temulentum.	Joyo de zizana.	Margall-Jull.
Secale cereale.	Centeno comun.	Senteno-Ségol.
Hordeum vulgare.	Cebada comun.	Ordi comu.
Triticum hibernum.	Trigo comun.	Blat-Forment.
Holcus alepensis.	Canota de Alepo.	Cannota d'Alép.
Aegilops squarrosa.	Egilope aspera.	Bonyets aspres.
Andropogon ischaemum.	Andropogo peludo.	Alballage pelut.
— distachyum.	— de dos espigas.	— de dos espigues.
Cenchrus racemosus.	Cencro racemoso.	Cencro en raiméts.
— capitatus.	— caberudo.	— gram-estrellat.
Zea mays.	Maiz cultivado.	Dacsa-Pani.
Carex vulpina.	Carex de zorra.	Carét de rabosa.
— vesicaria.	— vexigoso.	— butér.
Typha latifolia.	Espadaña latifolia.	Bova de cadires.
Queria hispanica.	Queria de Espanna.	Queria d'Espanna.
Polycarpon diphyllum.	Policarpo de dos hojas.	Policarp de dos fulles.
— tetraphyllum.	— de quatro hojas.	— de quatre fulles.
Osyris alba.	Guardalobos blanco.	Osiris blanch.
Ficus carica.	Higuera comun.	Figuera comuna.
Lemna gibba.	Lenteja de agua.	Pa de granotes.

I V.

Tetrandria.

En Latin.	En Espagnol.	En Valencien.
Globuraria alypum.	Globularia alipo.	Globularia segulada.
— cordifolia.	— de hojas acorazonadas.	— de fulles en cor.
Scabiosa saxatilis.	Escabiosa de pennas.	Escabiosa de pennes.
— tomentosa.	— afelpada.	— aterciopelada.
— leucantha.	— de flor blanca.	— de flor blanca.
Galium capillare.	Cuajaleche capilar.	Quallallét menut.
— murale.	— de muros.	— de paréts.
— hispidum.	— erizado.	— erisat.
Crucianella maritima.	Crucianela maritima.	Creuadata marina.
— augustifolia.	— de hojas angostas.	— de fulles estretes.
— monspeliaca.	— de Mompeller.	— de Mompeller.
Plantago albicans.	Llanten blanquecino.	Plantage blanquinos.
— maritima.	— maritimo.	— mari.
— Loeflingii.	— de Loeflingio.	— de Loefling.
— amplexicaulis.	— con hojas abrazaderas.	— en fulles abrasadores.
Cornus sanguinea.	Cornejo encarnado.	Sanguinol roig.
Cuscuta europaea.	Cuscuta cabelluda.	Cuscuta cabelléts.
Hypecoum procumb.	Pamplina recostada.	Pamplina chitada.
Ilex aquifolium.	Acebo comun.	Grevol de visch.
Potamogeton crispum.	Potamogeto crespo.	Espigad'aigua crespa.
— natans.	— que nada.	— nadadora.
Buxus sempervirens.	Box comun.	Boix comu.
Urtica pilulifera.	Ortiga con bolillas.	Ortiga balera.
Morus alba.	Morera blanca.	Morera de cuchs.
Parietaria officinalis.	Parietaria oficinal.	Morella-roquera oficinal.

V.

Pentandria.

En Latin.	En Espagnol.	En Valencien.
Lithospermum fruticos.	Litospermo fruticoso.	Litosperme millbort.
Anchusa tinctoria.	Ancusa de tintes.	Aucusa peu de colòm.
Cerinthe major.	Ceriflor moyor.	Ceriflor herba rasposa.
Onosma echioides.	Onosma como equio.	Onosma bovina.
Borrago officinalis.	Borraja oficinal.	Borraja comuna.
Echium vulgare.	Equio vulgar.	Rovina sardineta.
Primula veris.	Primulaveris oficin.	Papagall de primavera.
Lysimachia linum stell.	Lisim. lino-estrellado.	Lisimaquia llino estrellat.
— ephemerum.	— efémera.	— en fulles de salsér.
Androsace major.	Cantarillos grandes.	Canterera major.
Anagallis tenella.	Anagalide tiernecita.	Anagalis tendreta.
Convolvulus siculus.	Campanilla de Sicilia.	Campanera de Sisilia.
— althaeoides.	— con hojas de altea.	— roigenca.
— lineatus.	— rayada.	— rallada.
— soldanella.	— soldanela.	— coleta de mar.
— capitatus.	— de flores en cabeza.	— capdellada.
— valentinus.	— valenciana.	— valenciana.
Ipomea sagittata.	Ipomaea afactada.	Maravella asaetada.
Cswpanula alpina.	Raponchigo alpino.	Repuncho alpi.
— rotundifolia.	— de hojas redondas.	— de fulles redones.
— erinus.	— erino.	— erino.
Phyteuma orbicul.	Fiteuma orbicul.	Fiteuma orbicul.
Trachel. coeruleum.	Hermosilla azul.	Hormosilla blava.
Samolus Valerandi.	Samolo de agua.	Samolo d'aigua.
Lonicera caprifol.	Madreselva montesina.	Maniselva comuna.
— Xylosteum.	— xilostea.	— xilostea.
Coris monspeliensis.	Coris yerba pincel.	Pincel herba-soldadora.

En Latin.	En Espagnol.	En Valencien.
Verbascum sinuatum.	Gordolobo sinuado.	Trepo ou Siriclos sinuat.
— phlomoides.	— como flomide.	— salvio.
Datura Stramonium.	Estramonio loco.	Estramoni pudént.
Hyoscyamus niger.	Veleno negro.	Velenno negre.
Physalis somnifera.	Vexiguilla adormidera.	Bufera qu'adorm.
— suberosa.	— acorchada.	— paternostrers.
Solanum nigrum.	Solano yerba mora.	Morella en gra.
— Dulcamara.	— dulciamargo.	— emborrachadora.
— sodomeum.	— sodomeo.	— sodomea.
Solanum lycopersicum.	Solano tomatera.	Morella tomatera.
Capsicum grossum.	Pimentero anuo.	Pimentonera grosa.
Lycium europaeum.	Cambronera de Europa.	Cambronera d'Eur.
Rhamnus pumilus	Ramno enano.	Ramno chiquét.
— lycioides.	— Como cambronera.	— com cambronera.
— alaternus.	— alaterno.	— mesto o coscolina.
Hedera Helix.	Yedra arborea.	Edra trepadora.
Vitis vinifera.	Vina comuna.	Vid comun.
Illecebrum cymosum.	Ilécebro en copa.	Sanguinaria menuda.
— paronychia.	— nevadilla.	— berba sanguina.
Thesium linophyllum.	Tesio con hoja de lino.	Tesio en fulles de lli.
Vinca minor.	Yerba doncella.	Herba doncella.
Nerium Oleander.	Adelfa.	Baladre.
Herniaria glabra.	Yerba-turca lampina.	Centenrama llisa.
— hirsuta.	— peluda.	— peluda.
— fructicosa.	— fruticosa.	— fruticosa.
— polyogonoides.	— con hojas de poligono.	— en fulles de cenuc.
Chenopodium ambros.	Ceniglote de Espanna.	Blets té fals.
Salsola Tragus.	Barrilla comun.	Barrella borda.
— prostrata.	— postrada.	— terrera.
— nodosa.	— nodosa.	— en nucs.
Ulmus campestris.	Olmo campestre.	Olm negre.
Gentiana maritima.	Genciana maritima.	Gensana marina.
— Centaurium.	— centaura menor.	— perico berméll
— spicata.	— espigada.	— espigada.
— cruciata.	— cruzada.	— creuada.

En Latin.	En Espagnol.	En Valencien.
Eryngium campestre.	Eringio cardo-corredor.	Panical comu.
— maritimum.	— maritimo.	— mari.
Bupleurum rigidum.	Bupleuro rigido.	Haloch tés.
— semicompos.	— medio compuesto.	— mig compost.
— fruticosum.	— fruticoso.	— fruticos.
— frutescens.	— frutescente.	— fenoll de rabosa.
— coriaceum.	— coriacéo.	— cluigida.
Echinophora spinosa.	Equinofora espinosa.	Equinofora espinosa.
Caucalis maritima.	Quixones marinos.	Cospi mari.
— hispanica.	— de Espanna.	— d'Espanna.
— grandiflora.	Quixones de flor grande.	Cospi de flor gran.
— daucaoides.	— como zanahoria.	— com safanoria
— nodiflora.	— con flores en los nudos.	— en nucs florits.
Daucus carota.	Zanahoria cultivada.	Safanoria cultivada.
Ammi visnaga.	Ammi visnaga.	Siscla visnaga.
— majus.	— mayor ou xistra.	— de camps.
Crithmum maritimum.	Hinojo marino.	Fenoll mari.
Laserpitium scabrum.	Laserpicio aspero.	Leserpi raspos.
Sium nodiflorum.	Sio nodifloro.	Sio en nucs florits.
Cuminum cyminum.	Comino oficinal.	Comi cultivat.
Scandix australis.	Peyne austral.	Pinter d'Europa.
— Pecten Veneris.	— de pastor.	— de pastor.
Seseli saxifragum.	Seseli saxifrago.	Seseli saxifrago.
Thapsia villosa.	Cannaheja vellosa.	Canaferla vellosa.
Anetum graveolens.	Eneldo fétido.	Anét pudént.
— foeniculum.	— hinojo.	— fenoll.
Pimpinella major.	Pimpinela mayor.	Matafaluga major.
— Anisum.	— anis.	— vera.
Viburnum Tinus.	Viburno durillo.	Xiorn llorerét.
— Lantana.	— comun.	— barbadejo.
Sambucus Ebulus.	Sahuco yezgo.	Sahuc ébols.
Tamarix gallica.	Taray comun.	Tamarill comu.
Telephium imperat.	Telefio rastrero.	Telefio rastrero.
Statice furfuracea.	Limonio casposo.	Statice caspes.
— Limonium.	— acelga.	— en fulles de bleda.
— alliacea.	— como ajo.	— paregut al all.
Linum Narbonense.	Linno de Narbona.	Lli de Narbona.
— suffruticosum.	— algo lennoso.	— cabrera.

En Latin.	En Espagnol.	En Valencien.
Crassula muscosa.	Crasula musgosa.	Crasula musgosa.
Ceratonia siliqua.	Algarrobo.	Garrofera vera.
Celtis australis.	Alméz austral.	Llidonér d'Espanna.
Pistacia lentiscus.	Alfonsigo lentisco.	Fistic llentiscle.
— terebinthus.	— cornicabra.	— cornicabra.
Humulus Lupulus.	Hombrecillo.	Vidarria.
Cannabis sativa.	Cannamo cultivado.	Canem cultivat.
Atriplex halimus.	Armuelles orzaga.	Salgada vera.

V I.

Hexandria.

Narcissus serotinus.	Narciso tardio.	Ninou tarda.
Pancratium marit.	Pancracio maritimo.	Asusena marina.
Aphyllantes monsp.	Afilantes de Mompeller.	Afilantes junquillo.
Allium roseum.	Ajo rosado.	All rosat.
Ornithogalum umbellat.	Ornitogalo aparasolado.	Ornitogal aparasolat.
— narbonense.	— de Narbona.	— de Narbona.
— gramineum.	— gramineo.	— en fulles estretes.
— maritimum.	— albarrana.	— seba marina.
— autumnale.	— de otonno.	— d'otony.
Asphodelus ramosus.	Gamon ramoso.	Gamo ramos.
— fistulosus.	— de hoja hueca.	— porrines.
Asparagus acutifolius.	Esparraguera pinchosa	Eparraguera borda.
Convallaria polygonat.	Sello de Salomon.	Sello de Salomo.
Hyacinthus serotinus.	Jacinto tardio.	Marcet tardiu.
— comosus.	— de penacho.	— en penacho.
Yucca aloefolia.	Yuca con hojas de aloe.	Yuca en fulles d'asever.
Aloe perfoliota.	Aloe zabila.	Asever adzavara.
Agave americana.	Pita americana.	Pita americana.
Juncus effusus.	Junco esparcido.	Junch esparsit.
— articulatus.	— articulado.	— boval.
— bufonius.	— sapero.	— de sapos.
— mutabilis.	— mudable.	— mudable.
Berberis vulgaris.	Agracejo oficinal.	Berberis vulgar.

En Latin.	En Espagnol.	En Valencien.
Frankenia laevis.	Franquenia lisa.	Franquenia llisa.
— pulverulenta.	— porvoreada.	— timo-bast.
Oryza sativa.	Arroz cultivado.	Arros cultivat.
Rumex maritimus.	Romaza maritima.	Paradella marina.
— acutus.	— punciaguda.	— puntiaguda.
—bucephalophorus.	— cabeza de bucy.	— cap de bou.
— spinosus.	— espinosa.	— espinosa.
Alismo plantago.	Alisma plantagineo.	Alisma punta de llansa.
Smilax aspera.	Zarzaparrilla comun.	Sarsaparrilla arrichols.

V I I.

Vacat.

V I I I.

Octandria.

En Latin	En Espagnol	En Valencien
Epilobium montanum.	Epilobio montano.	Epilob de montana.
Chlora perfoliata.	Clora perfoliada.	Clora perfullada.
Erica vulgaris.	Brezo vulgar.	Sepéll bruch.
Daphne Gnidium.	Dafne torbisco.	Mantapoll ver.
— thymelaca.	— timelea.	— timelea.
— Tartouraira.	— tartonraira.	— bufalaga borda.
— Laureola.	— lauréola.	— llorerét.
Paserina hirsuta.	Paserina pelosa.	Palmerina peluda.
Polygonum maritim.	Poligono maritimo.	Cennuc mari.
— arvense.	— de campos.	Llengua de pardalét.
Populus nigra.	Alamo negro.	Popul negre.
— alba.	— blanco.	— albér o blanch.
Acer campestre.	Arce quéxigo.	Oro de montanna.
Myriophyllum spicat.	Miriolilo espigado.	Valanti espigat.

I X.

Enneandria.

En Latin.	*En Espagnol.*	*En Valencien.*
Laurus persea.	Laurel aguacete.	Llorér aguacete.
— nobilis.	— comun.	— comu.
Mercurialis tomento-sa.	Mercurial afelpada.	Melcoraje borros.
Quercus Ilex.	Encina comun.	Carrasca vera.
— coccifera.	— coscoxa.	— coscoll *ou* cos-colla.
— valentina.	— de Valencia.	— de Valencia.

X.

Decandria.

En Latin	En Espagnol	En Valencien
Anagyris foetida.	Anagiris hedionda.	Contera pudenta.
Cassia tomentosa.	Casia afelpada.	Casia aterciopelada.
Dictamnus albus.	Dictamo fresnillo.	Gitam *ou* timo real.
Ruta graveolens	Ruda de jardin.	Ruda pudenta.
— linifolia.	— con hojas de lino.	— en fulles de lli.
Arbustus Unedo.	Madroño comun.	Arbosér comu.
— uva ursi.	— gayuba.	— gallufera.
Saxifraga cotyledon.	Saxifragia cotyledon.	Saxifraga capsalera.
Saxifraga granulata.	Saxifraga granugien-ta.	Saxifraga granellosa.
— cuncifolia.	— con hojas en cuna.	— de fulles en cuna.
Saponaria ocymoi-des.	Xabonera albahaca.	Savonera com alfabe-ga.
Dianthus filiformis.	Clavellina filiforme.	Clavellinera en fi-lets.
Silene repens.	Silene rastrera.	Silena rastrera.
— saxifraga.	— saxifragia.	— trencapennes.
Arenaria rubra.	Arenaria roxa.	Arenaria bermella.
— tetraquetra.	— de quatro caras.	— de quatre cares.
— triflora.	— de tres flores.	— de tres flors.
— juniperina.	— como enebro.	— en fulles de gine-bre.

En Latin.	En Espagnol.	En Valencien.
Cotyledon umbilicus.	Cotiledon ombligo.	Capadella melich.
Sedum acre.	Sedo picante.	Crespinéll groch.
— album.	— uvas de gato.	— blanch.
— villosum.	— velloso.	— vellos.
Oxalis Acetosella.	Acederilla oficinal.	Agrelles de riu.
Agrostemma githago.	Neguillon de campos.	Niella de blats.
Phytholacca decandra.	Yerbacarmin comun.	Erba de la oblea.
Coriaria myrtifolia.	Ruldo como arrayan.	Raudor com murtera.
Schinus molle.	Esquino falsa pimienta	Moly pebrebort.
Asclepias fruticosa.	Asclepiade fruticosa.	Asclepiade sedera.
— vincetoxicum.	— vencetosigo.	— de flor blanca.
Cynanchum monspell.	Matacan de Mompeller.	Matagos de Mompeller.

X L

Dodecándria.

Peganum Harmala.	Alargama ou gamarza.	Harmala comuna.
Lythrum salicaria.	Salicaria oficinal.	Salicaria oficinal.
— hyssopifolium.	— con hojas de hisopo.	— en fulles d'hisop.
Reseda Luteola.	Gualda de tintes.	Gauda de tintorérs.
— Phyteuma.	— con calices grandes.	— de calis grans.
Euphorbia Peplis.	Lechetrezna peplis.	Lletrera peplis.
— canescens.	— blanquecina.	— blanquinosa.
— spinosa.	— espinosa.	— espinosa.
— paralias.	— paralias.	— maritima.
— serrata.	— aserrada.	Lletrera serrada.
— esula.	— con hojas de lino.	— en fulles de lli.
— Chacacias.	— caracias.	— roigenca.
— retusa.	— retusa.	— de fulles trencades.
Juglans regia.	Nogal comun.	Noguér comu.

X I I.

Icosandria.

En Latin.	En Espagnol.	En Valencien.
Cactus opuntia.	Cacto higuera atuna.	Palera chumba.
Myrtus communis.	Arrayan comun.	Murtera vulgar.
Punica Granatum.	Granado comun.	Magranér comu.
Amygdalus communis.	Almendro comun.	Almetlér comu.
Prunus armeniaca.	Ciruelo albaricoque.	Prunera albercoquér.
— Cerasus.	— cerezo.	— sirér.
— domestica.	— domestico.	— vér.
— spinosa.	— espinoso.	— aranyonér.
Crataegus Aria.	Mostéllar comun.	Aliquier moigera.
— torminalis.	— de hoja recortada.	— vér.
— Oxyacantha.	— Espinal.	— espino-albar.
Sorbus domestica.	Serbal cultivado.	Servera cultivada.
Pyrus communis.	Perol comun.	Perera vera.
— Malus.	— manzano.	— pomera.
— cydonia.	— membrillo.	— codonyer.
Aizoon hispanicum.	Aizon de Espanna.	Aguasal d'Espanna.
Rosa spinosissima.	Rosal espinosissimo.	Roser moltespinos.
— Canina.	— perruno..	— gvararrera.
Rubus fruticosus.	Zarza comun.	Romaguera barsér.
Fragaria vesca.	Fresa oficinal.	Fraulera mariochea.
Potentilla verna.	Potentila de primavera.	Potentila de primavera.
— alba.	— blanca.	— blanca.
— subacaulis.	— casi fin tallo.	— casi sens fust.
Geum montanum.	Cariofilata montana.	Cariofilata de montana.
Fagus sylvatica.	Haya de monte.	Foix bosquér.

X I I I

Polyandria.

En Latin.	En Espagnol.	En Valencien.
Capparis spinosa.	Alcaparro spinoso.	Taperér espinos.
Papaver Rhoeas.	Adormidera amapola.	Cascal rosella.
Nymphaea alba.	Ninfea oficinal.	Nenufar de flor blanca.
Tilia europea.	Tilo de Europa.	Tillol d'Europa.
Cistus crispus.	Xara crespa.	Estepa achocasapos.
—— populifolius.	—— con hojas de alamo.	—— en fulles de popul.
—— laurifolius.	—— con hojas de laurel.	—— en fulles de llorér.
—— monspeliensis.	—— zaguarzo.	—— negra.
—— salvifolius.	—— con hojas de salvia.	—— en fulles de salvia.
—— incanus.	—— cana.	—— cano.
—— albidus.	—— estepa.	—— bocha-blanca.
—— halimifolius.	—— con hojas de orzaga.	—— en fulles de salgada.
—— Libanotis.	—— con hojas de ramero.	—— matagall.
—— laevipes.	—— de pie liso.	—— de rames llises.
—— fumana.	—— fumana.	—— fumana.
—— marifolius.	—— con hojas de maro.	—— en fulles de maro.
—— tuberaria.	—— tuberaria.	—— en fulles de plantage.
—— guttatus.	—— goteada.	—— gotejada.
Cistus squamosus.	Estepa con hojas escamosas.	Estepa en fulles escamoses.
—— ferrugineus.	—— ferruginea.	—— en fulles de tomello.
—— racemosus.	—— racimosa.	—— en ramélls.
—— Helianthemum.	—— heliantemo.	—— heliantemo.
—— roseus.	—— de flor rosada.	—— de flor color de rosa.
—— alpinus.	—— alpina.	—— alpina.
—— ericoides.	—— parecida al brezo.	—— pareguda al sepéll.

flavescens

En Latin.	En Espagnol.	En Valencian.
— flavescens.	— amarillenta.	— groguisca.
— cinereus.	— cenicienta.	— cendrosa.
— laevis.	— lampinua.	— llisa.
— nummularius.	— como numularia.	— seche.
Paeonia oficinalis.	Peonia oficinal.	Ampoina oficinal.
Aconitum Napellus.	Acanito matalobos.	Matallops de flor blava.
Aquileja vulgaris.	Paxarilla comun.	Aguilera vulgar.
Delphinium Consolida.	Espuela de caballero.	Pelicans de camps.
Annona chirimoia.	Anona chirimoyo.	Anona chirimoya.
Anemone Hepatica.	Anémone hepatica.	Anemona platica.
— palmata.	— palmeada.	— palmejada.
Clematis Vitalba.	Clematide parrilla.	Vidriella.
Thalictrum tuberosum.	Talictro tuberoso.	Talictre tuberos.
Adonis vernalis.	Adonis de primavera.	Adonis de primavera.
Ranunculus acris.	Ranunculo acre.	Fransesilla picant.
— gramineus.	— gramineo.	— en fulles de grama.
— sceleratus.	— malvado.	— malvada.
— bulbosus.	— bulboso.	— bulbosa.
Helleborus foetidus.	Vedegambre fétido.	Mansiulo flor-navarro.
Arum maculatum.	Aro manchado.	Punta de rella tacada.
— arisarum.	— arisaro ou fraylillo.	— cresolera.
Platanus orientalis.	Platano oriental.	Plantano oriental.

X I V.

Didynamia.

Teucrium Botrys.	Teucrio biengranado.	Teucri bengranat.
— chamaepithys.	— camepitio.	— camepitio.
— iva.	— iva.	— iva.
— Scordium	— escordio.	— escordi.
— lucidum.	— lustroso.	— lluént.
— capitatum.	— en cabezuela.	— tomello-mascle.
— aureum.	— dorado.	— daurat.
— saxatile.	— de pennas.	— de roques.
— verticillatum.	— verticilado.	— pinét.
— Libanitis.	— con hojas de romero.	— en fulles de romér.

Dd

En Latin.	En Espagnol.	En Valencien.
Satureja montana.	Axedrea montana.	Sajorida de montana.
Hyssopus officinalis.	Hosopo oficinal.	Isop oficinal.
Nepeta tuberosa.	Nepeta tuberosa.	Gatera tuberosa.
Lavandula Spica.	Espiego comun.	Espigol comu.
— multifida.	— con hojas hendidas.	— de fulles retallades.
— dentata.	— con hojas dentadas.	— de fulles en dents.
— Stoechas.	— cantueso.	— tomani.
Syderitis romana.	Sideritide romano.	Sideritide romana.
— hyssopifolia.	— con hojas de hisopo.	— rabo de gat.
— scordioides.	— con hojas de escordio.	— en fulles d'escordi.
— incana.	— cana.	— cana.
Mentha sylvestris.	Yerbabuena sylvestre.	Herbasana sylvestre.
— rotundifolia.	— matranzo.	— matapuses ou mandastre.
Gleucoma hederacea.	Glecoma yedra-terrestro.	Glecom edra de terra.
Marrubium vulgare.	Murrubio comun.	Marrubio vulgar.
— Alyssum.	— con hojas en cuna.	— en fulle en cunna.
— hispanicum.	— espannol.	— d'Epanna.
Phlomis purpurea.	Flomide encarnada.	Salvio salvia-borda.
— Lychnitis.	— candilera.	— canelera.
— herba venti.	— aguavientos.	— ventolera.
— crinita.	— cabelluda.	— cabelluda.
Origanum vulgare.	Orégano oficinal.	Orenga oficinal.
Thymus vulgaris.	Tomillo vulgar.	Tomello vulgar.
— Piperella.	— pipelera.	— pebrella.
— cephalotos.	— cabezudo.	— en cabdéll.
Melissa fruticosa.	Melisa fruticosa.	Poliol blanch.
— calamintha.	— calaminto.	— rementerola.
— officinalis.	— officinal.	— tarongina.
Prunella vulgaris.	Brunella oficinal.	Brunella oficinal.
Rhinanthus Crista Galli.	Rinante cresta de gallo.	Cresta de gall llisa.
— trixago.	— maritimo.	— maritima.
Eufrasia Odontites.	Eufrasia odontites.	Eufrasia tardana.
— lutea.	— amarilla.	— gorga.
Antirrhinum villosum.	Linaria vellosa.	Llinaria vellosa.
— triphyllum.	— con hojas de tres en tres.	— en fulles de tres en tres.

En Latin.	En Espagnol.	En Valencien.
— origanifolium.	— con hojas de orégano.	— en fulles d'orenga.
— majus.	— becerra.	— bram d'ase.
— Orontium.	— oroncio.	— roigenca.
— tenellum.	— tierna.	— tendra.
— crassifolium.	— con hojas gruesas.	— de fulles grosses.
Scrophularia canina.	Escrofularia perruna.	Escrofularia de gos.
— lucida.	— lustrosa.	— lluenta.
Digitalis obscura.	Dedalera flor-obscura.	Didalera mansiuleta.
Erinus alpinus.	Erino alpino.	Erino des Alps.
Orobranche major.	Yerbatora mayor.	Herbatora espareo bort.
— ramosa.	— ramosa.	— pa de llop.
Vitex Agnus-Castus.	Sauzgatillo.	Agno-cast ou Salseder.
Acanthus mollis.	Brancaursina oficinal.	Carneru suau.

X V.

Tetradynamia.

Myagrum hispan.	Miagro espanol.	Sitro ravanell.
— paniculatum.	— en panoja.	— apanollat.
Vella annua.	Pitano anuo.	Pitanét anual.
Draba alpina.	Draba alpina	Draba alpina.
Lepidium sativum.	Lepidio mastuerzo.	Morritort vér.
— latifolium.	— de hoja ancha.	— de fulles amples.
Thlaspi saxatile.	Tlaspi de penas.	Tlaspi de penne.
— hirtum.	— pelierizado.	— pelieriat.
— perfoliatum.	— perfoliado.	— perfulliat.
— Bursa Pastoris.	— bolsa de pastor.	— surronet de pastor.
Iberis umbella.	Carraspique aparasol.	Carraspic aparasolat.
— nudicaulis.	— de tallo desnudo.	— de fust nu.
Alissum spinosum.	Aliso espinoso.	Bufalaga vera.
Clypeola maritima.	Clipeola maritima.	Clipeola maritima.
Biscutella montana.	Doble escudo de monte.	Llunetes de montana.
— coronipifolia.	— con hoja de coronopo.	— en fulles de peu de corp.

D d 2

En Latin	En Espagnol.	En Valencien.
Sisymbrium monen-se.	Sisimbrio monense.	Sisimbrio monense.
— pyrenaicum.	— de los Pirineos.	— dels Pirineos.
Cheiranthus alpinus.	Alheli de los Alpes.	Aleli dels alps.
— incanus.	— blanquecino.	— violera.
— tristis.	— triste.	— trist.
Arabis pendula.	Arabide pendula.	Arabide penjant.
— alpina.	— de los Alpes.	— des Alps.
Turritis glabra.	Turritide lampiña.	Torreta llisa.
Brasica vesicaria.	Berza alhacenna.	Col bufera.
Brunias cakile.	Bunias cakile.	Bunias cakile.
Isatis tinctoria	Yerbapastel de tintes	Pastell de tintorers.

X V I.

Monadelphia.

En Latin	En Espagnol.	En Valencien.
Geranium gruinum.	Geranio de grulla.	Geranio bec de grul-la.
— cicutarium.	— con hojas de ci-cuta.	— cicutario.
— moschatum.	— almizclenno.	— almescat.
— malacoides.	— con hojas de mal-va.	— filamaria.
— robertianum.	— roberciano.	— pudént.
— lucidum.	— lustroso.	— lluént.
— columbinum.	— de palomas.	— de coloms.
— rotundifolium.	— de hojas redondas.	— de fulles redones.
— dissectum.	— de hojas recorta-das.	— de fulles retalla-des.
— prostratum.	— tendido.	— gitat.
— saxatile.	— de pennas.	— de roques.
Althaea officinalis.	Malvavisco oficinal.	Malvi oficinal.
— hirsuta.	— pelierizado.	— pelut.
Malva rotundifolia.	Malva de hojas re-dondas.	Malva de fulles redo-nes.
— althaeoides.	— parecido al mal-vavisco.	— pareguda al mal-vi.
Lavatera cretica.	Lavatera maritima.	Lavatera maritima.
Hibiscus vesicarius.	Hibisco vexigoso.	Hibisc bufér.
Gossipium peruvia-num.	Algodon del Peru.	Cotoner del Peru.

En Latin.	En Espagnol.	En Valencien.
Melia azedarach.	Cinamomo azedarac.	Azedarac bipinat.
Phoenix excelsior.	Palma dactilifera.	Palma datilera.
— humilis.	— palmito.	— argalonera.
Cytinus hypocistis.	Hipocistide.	Filosetes parasitiques.
Ricinus communis.	Ricino higuera infernal.	Mugera comuna.
Taxus baccata.	Texo de Europa.	Teix d'Europa.
Juniperus communis.	Enebro comun.	Ginebre comu.
— sabina.	— sabina.	— sabina.
Ephedra distachya.	Belcho ou Uva de mar.	Efedra marina
Cupressus distachya.	Ciprés tableado.	Ciprér taulejat.
Pinus sylvestris.	Pino silvestre.	Pi negral.
— pinea.	— de comer.	— ver.

X V I I.

Diadelphia.

Fumaria officinalis.	Palomilla oficinal.	Fumaria julibertbort.
— enneaphylla.	— de nueve hojas.	— de nou fulles.
Polygala vulgaris.	Poligala vulgar.	Poligala vulgar.
Spartium scorpius.	Retama escorpion.	Retama escorpio,
— junceum.	— de flor.	— de flor gran.
— patens.	— extendida.	— de flor penjans.
— spinosum.	— espinosa.	— espinosa.
Genista tinctoria.	Hiniesta de tintes.	Genesta de tintorers.
— hispanica.	— de Espanna.	— cascaula.
— florida.	— de muchas flores.	— de moltisimes flors.
Ulex Europaeus.	Aliaga de Europa.	Argilagues d'Europa.
Ononis arvensis.	Gatunna de Campos.	Gavo de campo.
— viscosa.	— pegajosa.	— viscos.
— natrix.	— natrix.	— ungla de gat.
— tridentata.	— de hojas tridentadas.	— salat.
— ornitopioides.	— como pié de paxaro.	— com peu de pardal.
— capitata.	— de flores en cabezuela.	— de flors cabdellades.
— fruticosa.	— fruticosa.	— fruticos.
— aragonensis.	— de Aragon.	— aragonés.

En Latin.	En Espagnol.	En Valencien.
Anthyllis vulneraria.	Antilide vulneraria.	Antilia vulneraria.
— tetraphylla.	— de quatro hojas.	— de quatre fulles.
— montana.	— montana.	— de montanna.
— erinacea.	— erizo.	— eriso.
— cytisoides.	— hoja blanca.	— albayda.
— onobrychioides.	— parecida al pipirigallo.	— en fulles d'esparceta.
Lupinus varius.	Altramuz cultivado	Tramusér cultivat.
Phaseolus vulgaris.	Judia comun.	Fesolér cultivat.
Pisum sativum.	Guisante cultivado.	Pesolér cultivat.
Lathyrus nissolia.	Latiro nisolia.	Latiro nisolia.
— sativus.	— almorta.	— guija.
— pratensis.	— de prados.	— de prats.
Vicia faba.	Haba cultivada.	Faba cultivada.
Ervum lens.	Yero lenteja.	Llentilla cultivada.
Cicer arietinum.	Garbanzo cultivado.	Sigronér cultivat.
Cytisus argenteus.	Citiso plateado.	Citis platejat.
Colutea arborescens.	Espantalobos comun.	Espantallops comu.
Glycyrrhiza glabra.	Orozuz oficinal.	Regalisia vera.
Coronilla emerus.	Coronilla de jardines.	Coroneta de jardins.
— juncea.	— juncal.	— pareguda al junch.
— minima.	— de hojas pequenas.	— de fulles menudes.
Ornithopus perpusill.	Pie de paxaro pequenno.	Peu de pardal menut.
— scorpioides.	— escorpioide.	— ansega ou enamorada.
Hippocrepis unisiliquosa.	Herradura de una siliqua.	Ferradura d'un bajoca.
— multisiliquosa.	— de muchas siliquas.	— de moltes bajoques.
Scorpiurus sulcata.	Oruga erizada.	Oruga erisada.
Hedysarum Onobrychis.	Pipirigallo cultivado.	Esparseta estacarrosins.
Astragalus sesameus.	Astragalo como sésamo.	Astragal sesamos.
— Onobrychis.	— pipirigallo.	— esparseta.
— hamosus.	— ganchoso.	— hamos.
— pentaglottis.	— de cinco gallillos.	— de cinc galléts.
— epiglottis.	— gallillo.	— gallét.
— incanus.	— blanquecino.	— blanquinos.
— tragacantha.	— tragacantha.	— adragant.
Biserrula pelecinus.	Serradilla menuda.	Serreta menuda.

En Latin.	En Espagnol.	En Valencien.
Psoralea bituminosa.	Soralea bituminosa.	Soralea pudenta.
Trifolium stellatum.	Trevol estrellado.	Trévol estrellat.
— angustifolium.	— de hojas estre-chas.	— de fulles estretes.
— tomentosum.	— afelpado.	— aterciopelat.
Lotus edulis.	Loto comestible.	Loto comestible.
— ornithopodioides.	— como pie de paxaro.	— con peu de pardall.
— creticus.	— cretico.	— de creta.
— hirsutus	— pelierizado.	— herba del pastor.
— rectus.	— recto.	— drét.
— corniculatus.	— de cuernecillos.	— de cuernéts.
— Dorycnium.	— mijedicga.	— manbéll ou socarréll.
Medicago sativa.	Mielga ou Alfalfa.	Alfals cultivat.
— muricata.	— como murice.	— melga ou agaons.
— marina.	— marina.	— mari.

X V I I I.

Polyadelphia.

Hypericum perforat.	Hipericon oficinal.	Perico groc o foradat.
— ericoides.	— con hojas de brezo.	— pinséll ou pingéll.
— tomentosum.	Hipericon afelpado.	Perico aterciopelat.
Citrus aurantium.	Cidro naranjo.	Tarconjér.

X I X.

Syngenesia.

Tragopogon Dalechampi.	Barbacabruna de Dalechampio.	Barbacabruna de Dalechampio.
— picrioides.	— parecida al picris.	— pereguda al picris
Scorzonera humilis.	Escorzonera enana.	Escorsonera nana.
— hispanica.	— oficinal.	— espannola.
— graminifolia.	— con hojas de grama.	— barbelleres.
— orientalis.	— oriental.	— oriental.

D d 4

En Latin.	En Espagnol.	En Valencien.
Hieracium murale.	Hieracio de muros.	Esparvér de murs.
— laniferum.	— lanado.	— porta llana.
Leontodon hirtum.	Diente de leon pelierizado.	Dent de lléo pelierisat.
Andryala laciniata.	Andriala laciniada.	Llongera vulgar.
Catananche caerulea.	Catananque azul.	Catanaque blava.
Scolimus hispanicus.	Cardillo de comer.	Cardets comestibles.
Serratula mollis.	Serratula blanda.	Serratula suau.
— conica.	— de caliz conico.	— de caliz cunic.
Carduus nutans.	Cardo cabizbaxo.	Cart penchant.
— monspessulanus.	— hemorroydal.	— lletugueta de séquia.
— syriacus.	— siriaco.	— de Siria.
— glaucus.	— amarillento.	— groguisch.
— pinnatifidus.	— pinatifido.	— pinatifid.
— leucanthus.	— de flor blanca.	— de flor blanca.
— arvensis.	— de campos.	— calaida.
Onopordon acaule.	Toba sin tallo.	Toba sentada.
Cynara humilis.	Alchachofa baxa.	Carchofera cartcolér.
Carlina lanata.	Carlina lanuda.	Carlina llanuda.
— corymbosa.	— corimbosa.	— corimbosa.
Atractilis gummifera.	Atractilide aljongera.	Atractilide sentada.
— humilis.	— baxa.	— enana.
— cancellata.	— enrejada.	— enreixada.
Eupatorium cannab.	Eupatorio canabino.	Eupatori herba de talls.
Santolina maritima.	Santolina maritima.	Santolina maritima.
Artemisia Absynthium.	Agenjo comun.	Broida donséll.
— campestris.	— de campos.	— boja pansera.
— vulgaris.	— escobilla parda.	— altabira.
— abrotanum.	— abrotano oficinal.	— vera.
Gnaphalium Stoechas.	Perpetua de monte.	Perpetues de montana.
— sylvaticum.	— sylvatica.	— bosqueres.
Conyza squarrosa.	Conisa vulgar.	Conisa vulgar.
— sordida.	— sordida.	— bruta.
— rupestris.	— de rocas.	— de roques.
Jasione montana.	Jasione de monte.	Jasio de montana.
— foliosa.	— con muchas hojas.	— fullos.
Erigeron viscosum.	Olivarda viscosa.	Olivarda viscosa.
Senecio Doria.	Senecio doria.	Alop de fulles grans.
Aster acris.	Aster acre.	Estrela de flor blava.

En Latin.	En Espagnol.	En Valencien.
Aster hyssopifolius.	Astércan hojas de hisopo.	Estrela en fulles d'hisop.
Inula montana.	Inula de montana.	Inula de montana.
— salicina.	— con hojas de sauce.	— enfulles de salser.
— tuberosa.	— tuberosa.	— tuberosa.
Bellis annua.	Margaritilla anual.	Margalideta anual.
Chrysanthemum montan.	Crisantemo de monte.	Crisantém de montanna.
— corymbosum.	— corimboso.	— corimbos.
Anaciclus valentinus.	Anaciclo valenciano.	Anacicl valencia.
Buphthalmum spinos.	Buftalmo espinoso.	Ull de bon girasol.
— maritimum.	— maritimo.	— mari.
Centaurea crupina.	Centaura crupina.	Centaura crupina.
— pullata.	— enlutada.	— sarpa de flop.
— sonchifolia.	— con hojas de cerraja.	— en fulles de lliso.
— aspera.	— aspera.	— aspra.
— calcitrapa.	— trepacaballos.	— obriulls.
— solstitialis.	— solsticial.	— solsticial.
— melitensis.	— melitense.	— melitense.
— collina.	— de cerros.	— de serros.
— salmantica.	— escobilla.	— raspallera.
— galactites.	— lechosa.	— lletrera.
— virgata.	— con varas erguidas.	— en vares dretes.
— conifera.	— apinnada.	— pinyera.
Echinops Sphaeroceph.	Cardo erizo cabezudo.	Cart-eris en cabdell.
Viola canina.	Violeta perruna.	Violeta de gos.
Ruscus aculeatus.	Brusco pinohoso.	Brusco punjos.
Cucumis Melo.	Melon cultivado.	Melo comu.
— flexuosus.	— cohombro-encorvado.	— alficos.
Bryonia alba.	Nueza blanca.	Tucca blanca.
Momordica Elaterium.	Momordic cogombre.	Coombrets amareq.

X X.

Cryptogamia.

En Latin.	*En Espagnol.*	*En Valencien.*
Pteris aquilina.	Pteris aquilina.	Falaguera aguilera.
Asplenium ceterach.	Asplenio doradilla.	Melfera ou Herba daurada.
— scolopendrium.	— lengua de ciervo.	— llengua de cervo.
Polypodium vulgare.	Polipodio oficinal.	Polipodi comu.
Adianthum Capillus Ven.	Culantrillo de pozo.	Falsia de pous.
Jungermannia complanata.	Jungermania complanada.	Jungermania aplanada.
Lichen pulmonarius.	Lichen pulmonaria.	Lichen pulmonaria.
—pyxidatus.	— con caxitas.	— en caixetes.
Ulva intestinalis.	Ulva intestinal.	Ulva intestinal.
— pavonia.	— pluma de pavo.	— ploma de pavo real.
Tremella nostoc.	Tremela nostoc.	Tremela nostoc.

———

TABLE
DES MATIÈRES.

Fin de la Table des Matières.

CPSIA information can be obtained
at www.ICGtesting.com
Printed in the USA
BVHW081612220819
556561BV00018B/4081/P